茶艺研习

周才碧　刘丽明　覃　玉　主编

中国轻工业出版社

图书在版编目(CIP)数据

茶艺研习 / 周才碧，刘丽明，覃玉主编．—北京：
中国轻工业出版社，2023.11
ISBN 978-7-5184-4127-3

Ⅰ.①茶… Ⅱ.①周… ②刘… ③覃… Ⅲ.①茶文化—
中国 Ⅳ.①TS971.21

中国版本图书馆 CIP 数据核字（2022）第 173874 号

责任编辑：贾　磊　　责任终审：劳国强
文字编辑：吴梦芸　　责任校对：朱燕春　　封面设计：锋尚设计
策划编辑：贾　磊　　版式设计：华　艺　　责任监印：张　可

出版发行：中国轻工业出版社（北京鲁谷东街 5 号，邮编：100040）
印　　刷：三河市国英印务有限公司
经　　销：各地新华书店
版　　次：2023 年 11 月第 1 版第 1 次印刷
开　　本：720×1000　1/16　印张：19.5
字　　数：400 千字
书　　号：ISBN 978-7-5184-4127-3　定价：88.00 元
邮购电话：010-85119873
发行电话：010-85119832　010-85119912
网　　址：http://www.chlip.com.cn
Email：club@chlip.com.cn

211295K8X101ZBW

本书编写人员

主　编

周才碧（黔南民族师范学院）

刘丽明（湖南农业大学）

覃　玉（贵州茶先乐茶文化有限责任公司）

副主编

文治瑞（贵州师范大学）

胡榴虹（黔南民族师范学院）

格根图雅（黔南民族师范学院）

参　编

管俊岭（广东科贸职业学院）

马　媛（黔南民族师范学院）

陈应会（重庆市经贸中等专业学校）

卢　玲（贵州经贸职业技术学院）

李兴春（贵州省罗甸县边阳第二中学）

陈　菊（黔南民族师范学院）

陈　鹏（黔南民族职业技术学院）

彭功明（云南中茶茶业有限公司）

周才元（贵州省灵峰科技产业园有限公司）

赵幸运（黔南民族师范学院）

石　悦（黔南民族师范学院）
李　平（黔南民族师范学院）
陶　旭（贵州省金沙县桂花乡农业服务中心）
韦玲冬（贵州农业职业学院）

序

中国是茶树的原产地，也是茶文化的发祥地。茶文化是我国茶产业继承传统、探索创新、促进“三产融合”、推动乡村振兴的抓手。近年来，茶文化活动的空前兴盛带动了我国茶艺行业的发展。以茶艺为中心推动传统茶文化的创新发展，带动年轻消费群体对茶艺、茶文化的学习和传播是茶产业发展的希望。茶，虽然只是一片树叶，但它凝聚着中华民族的劳动智慧，是一份活着的绿色文化遗产，而茶艺即是该文化遗产的精华部分。

近年来，许多高校为适应茶艺人才培养需要纷纷将茶艺课程设为专业必修课或选修课，教学和科研人员为了推动我国茶艺行业的发展、适应农林类高校涉茶专业的教学而编写具有特色的茶艺教材。但在茶艺教学过程中，普遍存在一些不足和问题，如在学科教育中存在理论重于实操、综合知识与产业融合不够、创新不足；在非学科教育中的问题则为教学师资力量良莠不齐、教学内容设置系统性不足、教学研发能力较弱。茶艺教育未来的发展将在“三产融合”时代背景下，在茶产业与旅游业的融合、茶产业在第三产业中比例的提升以及六大茶类齐头并进的行业背景下不断进步，逐渐发展为教学内容专题化、教师队伍名师化、院校和培训机构品牌化、教学方式多元化、学习人群广泛化的茶艺教育体系，从而更好地服务于茶产业的发展。

由黔南民族师范学院茶学系周才碧老师等主编的《茶艺研习》一书，广泛收集并总结大量文献资料，深入浅出，全面介绍了茶艺知识的各个方面。该书从茶艺的基础知识出发，内容涉及茶艺礼仪、茶艺环境布置、茶艺编排、杯泡茶艺、壶泡茶艺、碗泡茶艺、民俗茶艺以及茶艺评价与鉴赏方面，旨在促进茶艺与茶文化传播，引导形成全社会饮茶、爱茶、关心茶的良好氛围。相信该书的出版可以提升我国高校茶艺教学质量、提高茶艺专业人才素质，推动我国茶艺教学的发展。

张凌云

2023 年 9 月 19 日于广州

前言

中共中央办公厅、国务院办公厅印发《“十四五”文化发展规划》指出：“文化是国家和民族之魂，也是国家治理之魂。没有社会主义文化繁荣发展，就没有社会主义现代化。……坚守中华文化立场，坚持创造性转化、创新性发展，赓续中华文脉，传承红色基因，建设中华民族共有精神家园，凝聚中华儿女团结奋进的精神力量。……增强国际传播影响力、中华文化感召力、中国形象亲和力、中国话语说服力、国际舆论引导力，促进民心相通，构建人文共同体。”

茶文化是中国传统文化的重要组成部分，有着悠久的历史。茶之为饮，发乎神农氏，闻于鲁周公；茶之为艺，始于唐，兴于宋，衰落于晚清，复兴于建国，繁荣于当代。茶艺作为茶文化传播的方式，贵州省委、省政府关于加快发展特色优势产业的战略部署，着力推进贵州省茶产业的转型升级，以文促销，以销促产，提升品牌竞争力；加强人才队伍建设，鼓励支持省内大专院校、职业院校设立茶叶专业；明确强调以喝茶健康为主题，推动茶文化进机关、进学校、进军营、进企业、进社区。

本书从茶艺基础知识、茶艺礼仪、茶艺环境布置、茶艺编排、杯泡茶艺、壶泡茶艺、碗泡茶艺、民俗茶艺以及茶艺评价与鉴赏方面进行阐述，旨在促进茶艺与茶文化传播，引导形成全社会饮茶、爱茶、关心茶的良好氛围。本书可作为茶艺、茶文化等专业的培训教材，也可作为茶学专业教学、茶叶爱好者研习茶艺的参考书。

该书获得以下课题资助：国家自然科学基金委项目（31960605、32160727）；贵州省科技厅项目（黔科合支撑［2019］2377号、黔科合基础-ZK［2022］一般5488、黔科合基础-ZK［2021］一般167、黔科合LH字［2014］7428、黔科合基础［2019］

1298号）；贵州省教育厅项目（黔农育专字［2017］016号、黔教合KY字［2017］336、黔教高发［2015］337号、黔教合人才团队字［2015］68、黔学位合字ZDXK［2016］23号、黔教合KY字［2016］020、黔教合KY字［2020］193、黔教合KY字［2022］089、黔教合KY字［2020］071、黔教合KY字［2020］070、黔教合人才团队字［2014］45号、黔教合KY字［2014］227号、黔教合KY字［2015］477号）；贵州省卫生厅项目（gzwkj2012-2-017）；黔南布依族苗族自治州科技局项目（黔南科合［2018］14号、黔南科合学科建设农字［2018］6号、黔南科合［2018］13号）；黔南民族师范学院科研项目（2017xjg0811、2020qnsyrc08、QNSY2018BS019、QNSY2018PT001、qnsyzw1802、QNYSKYTD2018011、Qnsyk201605、2019xjg0303、2018xjg0520、QNYSKYTD2018006、QNYSXXK2018005、QNSY2020XK09、QNYSKYTD2018004、qnsy2018001、QNSY2018PT005）。此外，特别感谢贵州助力科技有限公司、贵州嘉源茶业发展有限公司对该书应用实操部分的大力支持。

编者

2023年6月20日

目录

第六章 壶泡茶艺

第七章 碗泡茶艺

第八章 民俗茶艺

第九章 茶艺评价与鉴赏

附录

参考文献

第一章

茶艺基础知识

第一节 煮　茶

一、茶之为饮

茶之为饮，发乎神农氏，闻于鲁周公，兴于唐，盛于宋。

（一）药用

茶叶最早作为药材使用。

shén nóng cháng bǎi cǎo　rì yù qī shí dú　dé chá jiě zhī
“神农尝百草，日遇七十毒，得茶解之。”（传为《神农本草经》记载）

chá wèi kǔ　yǐn zhī shǐ rén yì sī　shǎo wò　qīng shēn　míng mù
“茶味苦，饮之使人益思、少卧、轻身、明目。”（传为《神农本草经》记载）

kǔ chá jiǔ shí yì yì sī
“苦茶久食益意思。”（东汉·华佗《食经》）

（二）食用

药食同源，茶之为用，逐渐变为食用。

yīng xiàng qí jǐng gōng shí　shí tuō sù zhī fàn　zhì sān yì　wǔ luǎn　míng cài ér yǐ
“婴相齐景公时，食脱粟之饭，炙三弋、五卵、茗菜而已。”（春秋·《晏子春秋》）

jīng bā jiān cǎi chá zuò bǐng　yè lǎo zhě　bǐng chéng　yǐ mǐ gāo chū zhī　yù zhǔ míng yǐn
xiān zhì lìng chì sè　dǎo mò　zhì cí qì zhōng　yǐ tāng jiāo fù zhī　yòng cōng　jiāng　jú zi mào
zhī　qí yǐn xǐng jiǔ　lìng rén bù mián
“荆巴间采茶作饼，叶老者，饼成，以米膏出之。欲煮茗饮，先炙令赤色，捣末，置瓷器中，以汤浇覆之，用葱、姜、橘子芼之。其饮醒酒，令人不眠。”（三国魏·张揖《广雅》）

chá　cóng shēng　zhí zhǔ yǐn wéi míng chá　zhū yú　xí zǐ zhī shǔ　gāo jiān zhī　huò yǐ
zhū yú zhǔ fǔ wèi zhī　wèi zhī yuē chá　yǒu chì sè zhě　yì mǐ hé gāo jiān　yuē wú jiǔ chá
“茶，丛生，直煮饮为茗茶，茱萸、檄子之属。膏煎之，或以茱萸煮脯胃汁，谓之曰茶。有赤色者，亦米和膏煎，曰无酒茶。”（宋·李昉、李穆、徐铉《太平御览》）

dào páng cǎo wū liǎng sān jiā　jiàn kè lèi má xuán diǎn chá
“道旁草屋两三家，见客擂麻旋点茶。”（南宋·路德章《盱眙旅客》）

（三）饮用

茶之为用，为饮最宜，或修身，或养性……

“《汉志》：‘葭萌，蜀郡名。’萌，音芒。《方言》：‘蜀人谓茶曰葭萌，盖以茶氏郡也。’”（明·杨慎《郡国外夷考》）

“孙皓每飨宴，坐席无不率，以七升为限，虽不尽入口，皆浇灌取尽。曜饮酒不过二升，皓初礼异，密赐茶荈以代酒。”（西晋·陈寿《三国志·吴志韦曜传》）

“成帝崩后，后一夕寝中惊啼甚久。侍者呼问，方觉，乃言曰：吾梦中见帝，帝赐吾坐，命进茶。左右奏帝云，向者侍帝不谨，不合啜此茶。”（东汉·班固《汉书·赵飞燕别传》）

二、饮茶演变

（一）唐代煮茶

唐代盛行蒸青团茶，流行煮茶法。

“红纸一封书信后，绿芽十片火前春。汤添勺水煎鱼眼，末下刀圭搅麴尘。不寄他人先寄我，应缘我是别茶人。”（唐·白居易《谢李六郎中寄新蜀茶》）

“香泉一合乳，煎作连珠沸。时看蟹目溅，乍见鱼鳞起。声疑松带雨，饽恐烟生翠。尚把沥中山，必无千日醉。”（唐·皮日休《茶中杂咏·煮茶》）

“闲来松间坐，看煮松上雪。时于浪花里，并下蓝英末。倾余精爽健，忽似氛埃灭。不合别观书，但宜窥玉札。”（唐·陆龟蒙《奉和袭美茶具十咏·煮茶》）

“征西府里日西斜，独试新炉自煮茶。”（唐·徐铉《和萧郎中小雪日作》）

“煮茶烧栗兴，早晚复围炉。”（唐·李中《冬日书怀寄惟真大师》）

（二）宋代点茶

宋代崇尚茶墨之争，盛行点茶、斗茶、茶百戏，设茶宴。

sī mǎ guāng yuē chá yǔ mò xiāng fǎn chá yù bái mò yù hēi chá yù zhòng mò yù qīng
茶墨之争：“司马光曰：‘茶与墨相反，茶欲白，墨欲黑；茶欲重，墨欲轻；
chá yù xīn mò yù chén sū shì yuē qí chá miào mò jù xiāng shì qí dé tóng yě jiē jiān shì qí xìng tóng yě
茶欲新，墨欲陈。’苏轼曰：‘奇茶妙墨俱香，是其德同也；皆坚，是其性同也’。”

cǎi qǔ zhī tóu què shé dài lù hé yān dǎo suì jié jiù zǐ yún duī qīng dòng huáng jīn niǎn fēi qǐ lǜ chén āi lǎo
“采取枝头雀舌，带露和烟捣碎，结就紫云堆。轻动黄金碾，飞起绿尘埃。老
lóng tuán zhēn fèng suǐ diǎn jiàng lái tù háo zhǎn lǐ shà shí zī wèi shé tou huí
龙团，真凤髓，点将来。兔毫盏里，霎时滋味舌头回。”（宋·苏东坡《水调歌头·尝问大冶乞桃花茶》）

qīng ruò yún yú kāi dòu míng cuì yīng yù yè qǔ hán quán
“青蒻云腴开斗茗，翠罂玉液取寒泉。”（宋·陆游《晨雨》）

chá zhī jīng jué zhě yuē dòu yuē yà dòu qí cì jiǎn yá
“茶之精绝者曰斗，曰亚斗，其次拣芽。”（宋·黄儒《品茶要录》）

fán yá rú què shé gǔ lì zhě wéi dòu pǐn yī qiāng yī qí wéi jiǎn yá yī qiāng èr qí wéi cì zhī yú sī wéi xià
“凡芽如雀舌谷粒者为斗品。一枪一旗为拣芽，一枪二旗为次之，余斯为下。”（宋·赵佶《大观茶论》）

chá zhì táng shǐ shèng jìn shì yǒu xià tāng yùn bǐ bié shī miào jué shǐ tāng wén shuǐ mài chéng wù xiàng zhě qín shòu
“茶至唐始盛，近世有下汤运匕，别施妙诀，使汤纹水脉成物象者。禽兽
chóng yú huā cǎo zhī shǔ xiān qiǎo rú huà dàn xū yú jí jiù sàn miè cǐ chá zhī biàn yě shí rén wèi zhī chá bǎi xì
虫鱼花草之属，纤巧如画，但须臾急就散灭。此茶之变也，时人谓之茶百戏。”（宋·陶谷《荈茗录》）

shàng mìng jìn shì qǔ chá jù qīn shǒu zhù tāng jī fú shǎo qǐng bái rǔ fú zhǎn miàn rú shū xīng dàn yuè gù zhū
“上命近侍取茶具，亲手注汤击拂，少顷，白乳浮盏面，如疏星淡月，顾诸
chén yuē cǐ zì bù chá yǐn bì jiē dùn shǒu xiè
臣曰：此自布茶。饮毕，皆顿首谢。”（宋·李邦彦《延福宫曲宴记》）

（三）明清泡茶

朱元璋体察民情，贡茶改制；朱权“崇新改易”，倡导瀹饮法。

háng sú pēng chá yòng xì míng zhì chá ōu yǐ fèi tāng diǎn zhī míng wéi cuō pào
“杭俗烹茶，用细茗置茶瓯，以沸汤点之，名为撮泡。”（明·陈师《茶考》）

xiān wò chá shǒu zhōng sì tāng jì rù hú suí shǒu tóu chá tāng yǐ gài fù dìng sān hū xī shí cì mǎn qīng yú
“先握茶手中，俟汤既入壶，随手投茶汤。以盖覆定。三呼吸时，次满倾盂
nèi zhòng tóu hú nèi yòng yǐ dòng dàng xiāng yùn jiān sè bù chén zhì
内，重投壶内，用以动荡香韵，兼色不沉滞。”（明·许次纾《茶疏》）

jiǎn biàn yì cháng tiān qù xī bèi kě wèi jìn chá zhī zhēn wèi yǐ
“简便异常，天趣悉备，可谓尽茶之真味矣。”（明·文震亨《长物志》）

rán tiān dì shēng wù gè suì qí xìng mò ruò yè chá pēng ér chuò zhī yǐ suì qí zì rán zhī xìng yě yǔ gù qǔ
“然天地生物，各遂其性。莫若叶茶，烹而啜之，以遂其自然之性也。予故取
pēng chá zhī fǎ mò chá zhī jù chóng xīn gǎi yì zì chéng yì jiā
烹茶之法，末茶之具，崇新改易，自成一家”。（明·朱权《茶谱》）

xiōng qǐ sǎo huáng yè dì qǐ pēng qiū chá míng xīng yóu zài shù làn làn tiān dōng xiá bēi yòng xuān dé cí hú yòng
“兄起扫黄叶，弟起烹秋茶。明星犹在树，烂烂天东霞。杯用宣德瓷，壶用

宜兴砂。器物非金玉，品洁自升华。”（清·郑燮《李氏小园三首之三》）

“工夫茶转费工夫，啜茗真疑嗜好殊。犹自沾沾夸器具，若深杯配孟公壶。”（清·王步蟾《工夫茶》）

（四）当代饮茶

1．清饮

崇尚茶叶原味，品味茶之真、善、美。与瀹饮法类似，即用沸水直接冲泡茶叶，主要步骤包括洗茶、候汤、择器。

“会当一凭吊，酌取井水中，用以烹茶涤尘思，清逸凉无比。”（郭沫若《题文君井》）

2．调饮

调饮，即在茶汤中添加盐、糖、奶、葱、橘皮、薄荷、桂园、红枣等辅料调制，可改善茶叶滋味和香气，增加营养成分；常见于少数民族地区，如维吾尔族地区奶茶、藏族地区酥油茶。

3．袋泡饮

袋泡饮，即将茶叶加工成碎末装于纸袋，便于冲泡，具有便捷、时尚等特点，常见红茶、绿茶、花茶、乌龙茶及药用保健茶等。

4．灌装饮

灌装饮，即茶叶经过萃取、过滤、灭菌、装罐，即时饮用，适合作为旅游饮品，常见有红茶、绿茶、乌龙茶、花茶等纯茶饮料，薄荷茶、柠檬茶、荔枝茶、奶茶等添加香料或果汁的混配茶饮料。

5．冷泡饮

冷泡饮，即用冷水冲泡茶叶的方法，可减少苦涩味，增加口感，方便快捷，适于快节奏的生活，深受年轻人喜爱。

【扩展阅读】贵州冲泡

1．要点

贵州冲泡的要点在于不洗茶，高水温，多投茶，快出汤，茶水分离。

2. 原因

（1）天时

高海拔：平均海拔1100m；

低纬度：纬度在24°~29°；

寡日照：日照为1100~1400h，日照率30%左右；

多云雾：年降雨量1100~1300mm；

少污染：全国空气质量排名中贵州长期位于前列。

（2）地利　贵州省主要土壤类型为黄棕壤、黄壤、红壤等，属酸性土壤（pH值为4.5~6.0），坡度适中，质地疏松，排水性好，富含锌、硒等微量元素。

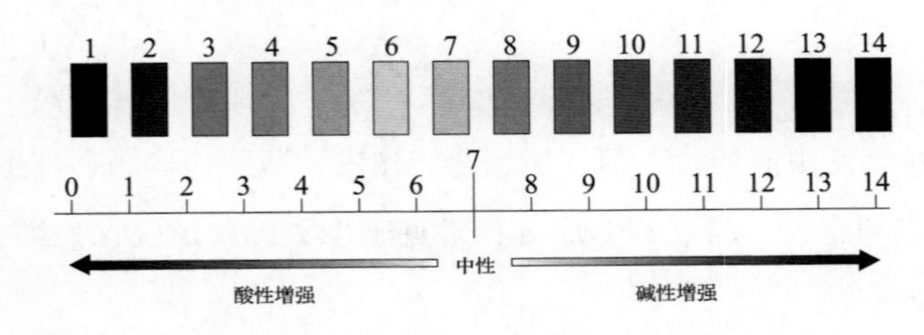

pH<4.0	叶色由绿转暗再变红，根系变红、变黑，甚至死亡
pH=4.0~6.5	适宜茶树生长
pH=4.0~5.5	茶树高产优质
pH>6.5	生长不良，叶色发黄脱落；根系发红变黑，伤害坏死

（3）人和　贵州省坚持做生态茶、干净茶，严守质量安全红线，严格质量安全管理，2019年农业农村部对贵州茶叶例行检测抽检茶样40个、贵州省市场监管局监测茶叶及制品1223个、贵州省农业农村厅质量安全监督抽检茶样400个，贵州茶叶农药残留和重金属检测合格率均达100%。贵州省的茶企以欧盟标准为企业标准，这一举措走在了全国茶企的前列，欧标茶在市场上也是声名鹊起，得到客户和消费者一致好评。

第二节　茶　　艺

一、相关概念

（一）定义

1．茶艺

广义：茶文化的展现形式之一，涉及整个茶叶生产、经营、泡茶和饮茶等过程中的技艺。

狭义：泡茶和饮茶技艺及其相关的艺术表现。

2．茶道

茶道是饮茶之道和饮茶修道的统一，以修行得道为宗旨的饮茶艺术，包括茶艺、礼法、环境、修行四大要素。

3．茶文化

茶文化是中华优秀传统文化的重要组成部分，包含社科、人文和自科等学科，以茶叶为主体，涉及到文化、政治、生活、经济和科学。具有三个主要社会功能：以茶敬客，协调人际关系；以茶雅志，陶冶个人情操；以茶行道，净化社会风气。

4．茶艺、茶道、茶文化三者的关联

茶艺是茶道的具体形式，茶道是茶艺的精神内涵，茶文化则包含了茶艺和茶道。

5．喝茶、品茶、茶艺、茶道层层提升

（1）喝茶　解渴；

（2）品茶　细品得味，讲究水质茶具，注重茶的色香味；

（3）茶艺　茶文化呈现技艺，注重主题、气氛、环境、技巧等；

（4）茶道　茶事中融入哲理、伦理、道德，品味人生，修身养性，达到精神上的享受。

（二）层面

1．哲理理念

哲理理念是指茶艺表演呈现的主题内涵。如“含有苦尽甘来之意”，白族三道茶“一苦二甜三回味”，三江侗族打油茶第一道为酽茶、第二道为咸茶、第三道为甜茶。

2．礼仪规范

茶艺包括一定的礼仪规范，在迎宾奉茶和冲泡的整个过程中要求礼仪规范。

3．艺术表现

茶艺是独特、唯一的艺术表现，其体现在器具、茶叶和其他的方面。

4．技术要求

清雅的环境，清新的器具，清亮的汤色以及表演者的愉悦感等，都可以使表演达到最佳的观感、技艺和口感。

（三）意义

1．掌握一种生活或工作技能

（1）生活技能　客来敬茶是中华民族传统礼仪和习俗，也是表达主客之间深厚友谊的一种方式。

（2）工作技能　劳动部门已把茶艺作为从业培训中的一项专门技能，提出相应的培训要求和从业资格的要求。

2．修养身体和心性

（1）在物质方面　柴米油盐酱醋茶，茶为国饮，既可解渴，又利于健康。

（2）在精神方面　琴棋书画诗酒茶，茶之为用、为饮最宜精行俭德之人。

3．提高生活品位，美化生活

茶叶冲泡和茶艺表演及其过程中涉及的动作、意境和礼仪等，可扩展生活的艺术领域，养成良好的生活习惯，提高生活品质。

4．促进生活和谐

（1）拉近朋友关系　“寒夜客来茶当酒”，三五知己品茗，诉说衷肠。

（2）促进家人交流　工作和学习之余，家人围坐煮茶，享受天伦之乐。

5．弘扬中华茶文化

学茶艺，做茶人，养茶性，修茶心，做雅事，立事业！以茶修德，以茶养廉，以茶自省，以茶雅志！学习茶文化，可增强民族自豪感；普及茶文化，可增强中华民族自信。“茶之为用，味至寒；为饮，最宜精行俭德之人。”以茶为载体，感悟茶中之道，品味茶韵之美，明晰人生之道，达到形神统一，逐步实现养生、修身的目的。

二、茶艺分类

（一）分类原则

1．同一原则

根据同一标准或同一茶类或同一茶具等，对其进行归类、划分。

2．个性原则

服饰、风格等具有自己的特色，充分展现自然的、人文的属性。

3．功能原则

结合物质与精神，综合考虑观赏性和宗教性。

（二）分类依据

（1）按冲泡茶类可以分为乌龙茶茶艺、绿茶茶艺、红茶茶艺、黑茶茶艺、黄茶、白茶、花茶茶艺等。

（2）按饮茶器具可以分为壶泡法、盖碗泡法、玻璃杯泡法。

（3）按茶艺年代可以分为古代茶艺和现代茶艺。

（4）按茶艺表现形式可以分为表演茶艺和生活茶艺。

（5）按茶艺所在地域可以分为民俗茶艺和民族茶艺。

（6）按茶艺的社会阶层可以分为宫廷茶艺、文士茶艺、民间茶艺、宗教茶艺。

（7）以国家来划分，可以分为中国茶艺、韩国茶礼、日本茶道。

三、茶艺核心

（一）儒家以茶养德

1．儒家基本思想

儒家基本思想见表1–1。儒家以“仁”为核心的思想体系，提倡“中庸之道”，崇尚礼乐仁义，主张“德治”和“仁政”，重视伦理道德等。

表1–1　儒家基本思想

时期	体系	代表人物/事件	基本思想	备注
先秦	儒家	孔子	礼、仁	
		孟子	性善论、仁政	性善论即恻隐之心、羞恶之心、辞让之心、是非之心
		荀子	性恶论	
		六经	以道志、以道事、以道行、以道和、以道阴阳、以道名分	《诗》《书》《礼》《乐》《易》《春秋》
汉代	经学	董仲舒	微言大义	
宋明	理学	张载	经世致用	
		周敦颐	中正仁义	
		程颐、程颢	理	合称“程朱理学”
		朱熹	理、气	
清代	朴学	顾炎武、黄宗羲、王夫之、颜元	训诂考据	“朴学”，又称“考据学”
	儒家	四书	认识论、方法论	《大学》《中庸》《论语》《孟子》

2．儒家思想在茶道中的体现

（1）客来敬茶　茶道以客来敬茶为礼，儒家的理念体现在茶道中就是达到仁、礼、和相统一的修养境界。

（2）中庸和谐　中庸是儒家最高的道德标准，而中和是中庸思想的核心部分。“中者，不偏不倚，无过不及之名。庸，平常也。”（朱熹·《中庸章句》）

(3) 廉洁俭朴

以下观点体现了儒家茶道的廉洁简朴：

①茶有德（儒家）；

yí jīng xíng jiǎn dé zhī rén
②“宜精行俭德之人”（陆羽《茶经》）；

yǐ chá kě xíngdào yǐ chá kě yǎ zhì
③“以茶可行道，以茶可雅志”（刘贞亮《饮茶十德》）；

qīng hé dàn jié yùn gāo zhì jìng
④“清和淡洁，韵高致静”（赵佶《大观茶论》）；

⑤韦应物称茶“洁性不可污”；

⑥庄晚芳称茶“廉、美、和、静”。

（二）道家自然事茶

1. 道家基本思想

儒家是仁者，喜静、乐山、崇阳；而道家是智者，好动、乐水、崇阴。道教主张尊道贵德，崇尚道法自然。

wéi dào jí xū xū zhě xīn zhāi yě
“唯道集虚，虚者，心斋也。”（战国·庄子《庄子·人间世》）

duò zhī tǐ chù cōng míng lí xíng qù zhī tóng yú dà tōng cǐ wèi zuò wàng
“堕肢体，黜聪明，离形去知，同于大通，此谓坐忘。”（战国·庄子《庄子·大宗师》）

wú sàng wǒ
“吾丧我。”（战国·庄子《庄子·齐物论》）

自三代以下者，天下莫不以物易其性。小人则以身殉利，士则以身殉名，大夫则以身殉家，圣人则以身殉天下。故此数子者，事业不同，名声异号，其于伤性以身为殉，一也。

——骈母·庄子

自为善无近名，为恶无近刑，缘都以为经，可以保身，可以全身，可以养亲，可以尽年。

——养生主·庄子

宿醒未破厌觥船，紫笋分封入晓煎。

槐火石泉寒食后，鬓丝禅榻落花前。

一瓯春露香能永，万里清风意已便。

邂逅华胥犹可到，蓬莱未拟问群仙。

——茗饮·元好问

落日平台上，春风啜茗时。

石阑斜点笔，桐叶坐题诗。

翡翠鸣衣桁，蜻蜓立钓丝。

自逢今日兴，来往亦无期。

——重过何氏五首其三·杜甫

二月一番雨，昨夜一声雷。

枪旗争展，建溪春色占先魁。

采取枝头雀舌，带露和烟捣碎，炼作紫金堆。

碾破香无限，飞起绿尘埃。

汲新泉，烹活火，试将来。

放下兔毫瓯子，滋味舌头回。

唤醒青州从事，战退睡魔百万，梦不到阳台。

两腋清风起，我欲上蓬莱。

——水调歌头·咏茶·白玉蟾·杜甫

仙山灵草湿行云，洗遍香肌粉未匀。

明月来投玉川子，清风吹破武林春。

要知冰雪心肠好，不是膏油首面新。

戏作小诗君一笑，从来佳茗似佳人。

——次韵曹辅寄壑源试焙新芽·苏轼

2. 道家思想在茶道中的体现

茶道中逍遥、隐逸、寄情自然的思想包括：

（1）尊人　人化自然，道法自然，天人合一；

（2）贵生　心斋，坐忘，以茶修身，以茶养性；

（3）坐忘　以“静”为“谛”，至虚极，守静笃；

（4）无已　心斋，“无我”，旷达逍遥，不拘名教，纯任自然；

（5）道法自然，返璞归真　道生万物，天人合一。

（三）佛家以茶悟禅

1．佛家基本思想

佛教，缘起性空，融合儒家和道家思想，以四谛、八正道为总纲，形成“茶禅一味”的佛家茶理。禅，意为“思维修”“静虑”“弃恶”等。

越人遗我剡溪茗，采得金牙爨金鼎。

素瓷雪色缥沫香，何似诸仙琼蕊浆。

一饮涤昏寐，情来朗爽满天地。

再饮清我神，忽如飞雨洒轻尘。

三饮便得道，何须苦心破烦恼。

此物清高世莫知，世人饮酒多自欺。

愁看毕卓瓮间夜，笑向陶潜篱下时。

崔侯啜之意不已，狂歌一曲惊人耳。

孰知茶道全尔真，唯有丹丘得如此。

——饮茶歌诮崔石使君·皎然

2．佛家思想在茶道中的体现

（1）以茶养寺，以禅养性　名寺名山，好山好水，高山云雾，“竹露所滴其茗，倍有清气”，出好茶。

高山云雾，山间林下，漫反射光，出好茶；群山峡谷间，好山好水，名寺名山。例如江苏洞庭山、福建武夷山、贵州梵净山、四川雅安、贵定阳宝山、浙江普陀山等。

shān sēng hòu yán chá shù cóng　chūn lái yìng zhú chōu xīn róng　wǎn rán wéi kè zhèn yī qǐ　zì bàng fāng cóng zhāi yīng zī

“山僧后檐茶数丛，春来映竹抽新茸。宛然为客振衣起，自傍芳丛摘鹰觜。

sī xū chǎo chéng mǎn shì xiāng　biàn zhuó qì xià jīn shā shuǐ　zhòu yǔ sōng shēng rù dǐng lái　bái yún mǎn wǎn huā pái huái

斯须炒成满室香，便酌砌下金沙水。骤雨松声入鼎来，白云满碗花徘徊。”

（唐·刘禹锡《西山兰若试茶歌》）

（2）以茶修身，茶禅一味　茶有真香、真心、真茶、真味，人求真实、自然、本色、本心；知行合一，弘道度人，德慧双修，炉火纯青。

（四）中国茶道内涵

1．唐代陆羽提倡“精行俭德”

chá zhī wéi yǐn fā hū shén nóng shì wén yú lǔ zhōu gōng yī yǐn dí hūn mèi zài yǐn qīng wǒ shén sān yǐn biàn dé dào shú zhī chá dào quán ěr zhēn

茶之为饮，发乎神农氏，闻于鲁周公；“一饮涤昏寐，再饮清我神，三饮便得道，熟知茶道全尔真。”（皎然《饮茶歌诮崔石使君》）

chá zhī wéi yòng wèi zhì hán wéi yǐn zuì yí jīng háng jiǎn dé zhī rén

“茶之为用，味至寒，为饮，最宜精行俭德之人。”（陆羽《茶经》）

zhāi xiān bèi fāng xuán fēng guǒ zhì jīng zhì hǎo qiě bù shē

“摘鲜焙芳旋封裹，至精至好且不奢。”（卢仝《走笔谢孟谏议寄新茶》）

其中，“不奢”与陆羽的“俭”相一致，印证了陆羽茶道的“精行俭德”。

2．宋代赵佶崇尚“致清导和”

赵佶认为“至若茶之为物，祛襟涤滞，致清导和”；范仲淹认为茶能消除污浊、沉醉，让人清醒；朱熹认为“茶本苦物，吃却甘……理而后和……则至和”。

均与宋徽宗的“致清导和”的思想一致。

至若茶之为物，擅瓯闽之秀气，钟山川之灵禀，祛襟涤滞，致清导和，则非庸人孺子可得而知矣，中澹闲洁，韵高致静。则非遑遽之时可得而好尚矣。

——大观茶论·赵佶

众人之浊我可清，千日之醉我可醒。屈原试与招魂魄，刘伶却得闻雷霆。卢仝敢不歌，陆羽须作经。森然万象中，焉知无茶星。

——和章岷從事斗茶歌·范仲淹

物之甘者，吃过必酸；

苦者吃过却甘。

茶本苦物，吃过却甘。

如始于忧勤，终于逸乐，理而后和。

盖礼本天下之至严，行之各得其分，则至和。

——朱子语类·杂类

3．明代张源提出“茶道”

张源认为“精、燥、洁，茶道尽矣”，有意让茶道从玄奥的精神层面回归到制茶、藏茶、泡茶的基本操作之中。

4．现代茶道“七义四德一心”

（1）七义　七义即茶艺、茶德、茶礼、茶理、茶情、茶学、茶道引导七种理义。

（2）四德　茶道道德观，即茶德，为茶艺的总纲，如表1-2所示。唐·陆羽认为“精行俭德”，而唐·刘贞亮提出“饮茶十德”。

以茶散郁气；以茶散睡气；

以茶养生气；以茶去病气；

以茶树礼仁；以茶表敬意；

以茶尝滋味；以茶养身体；

以茶可行道；以茶可雅志。

——饮茶十德·刘贞亮

表1-2　茶的“四德”

国别	人物	内容	备注
中国	庄晚芳	廉、美、和、敬	中国茶道以“四德”为总纲，即和、静、怡、真
	张天福	俭、清、和、静	
	周国富	清、敬、和、美	
	吴振铎	清、敬、怡、真	
	净慧长老	正、清、和、雅	
日本	千利休	和、敬、清、寂	
	村田珠光	谨、敬、清、寂	
韩国	草衣禅师	和、敬、怡、真	

（3）一心　一心，即和，为中国茶道的灵魂和精神的核心。“和”也是中国佛、道、儒家思想糅合的具体表现。

（4）四纲　和是中国茶道的灵魂。“和”既是中国茶道的灵魂、哲学思想核心，又是中国佛、道、儒家思想糅合的具体表现。静是中国茶道修养的必由之路。“静”即人们明心见性，洞察自然，反观自我，是中国茶道修养的必由之路。怡代表人生顿悟、心境感受、淡雅生命。“怡”即人生顿悟心境、感受以及淡雅生命，儒生可“怡情悦性”，羽士可“怡情养生”，僧人可“怡然自得”。真代表中国茶道的终极追求。“真”即真茶、真香、真味；真山、真水；真迹；真竹、真木、真陶、真瓷；真心、真情、真诚、认真等。

四、五个七

（一）七要

1．茶

看茶泡茶，不同茶类茶性和特征各异，合理控制投茶量、茶水比。根据茶叶加工工艺不同和品质特征，分为绿茶、黄茶、红茶、青茶（乌龙茶）、白茶、黑茶，以六大茶类为原料制作再加工茶类，以及非茶之茶的代用茶类。

2．水

水为茶之母。泡茶水温，以及水的总硬度、矿质元素含量、pH、二氧化碳和氧气含量等，对茶汤感官品质均有影响。

3．器

看茶择器，器为茶之父；铁、铜、银、金等金属茶具散热性较快，瓷、玻璃器具其次，而陶器保温效果最好。绿茶重外形，且不耐高温；黑茶、乌龙茶、老白茶，需高温冲泡。

4．时

冲泡时间不同，茶叶内含物质浸出率各异，进而影响茶叶的滋味。

5．仪

仪容整洁、干净、端庄、简约、素雅，仪态举止稳重、端庄。

6．心

敬畏茶叶，泡茶平和；感恩茶农，待人谦卑。

7．神

神情自然，以眼传神。

（二）七则

1．细致精准

细致，体贴，周密，为人着想；精准，极致，到位，匠心精神。

2．方圆结合

外圆内方，动作流畅，行坐规矩。

3．恰到好处

看茶泡茶，色香味一体。

4．慎始慎终

谨慎、有序、有始、有终。

5．细雨润物

注重交流，拉近距离，春风化雨，滋润人心。

6．默契律动

内心共鸣，心灵相通，默契配合。

7．道法自然

茶性各异，绿茶鲜爽，红茶甜润、黑茶醇厚等。

（三）七美

1．真

茶有真香、真心、真茶、真味。

2．和

境“和”、席“和”、音“和”、香气“和”、茶汤“和”等，身心“和”，天、地、人“和”。

3．静

境界静美，气息平和，精神沉静。

4．雅

情趣高雅，技法精湛，品德、修养高尚。

5．壮

形态宏大、豪迈、奔放，情感激昂、奋发、乐观。女性，外柔内刚，兼具阳刚之美，形体、动作柔，柔中带刚；男性，阳刚之美，力随意行，刚而不僵，刚而不硬，刚中带柔。

6．逸

意境飘逸洒脱、超然绝俗、处世不争。

7．古

意境远古、飘渺、神秘、质朴、典雅、超越当下、超越时空。

（四）七忌

1．情不真

要求真实、自然，本色本心。

2．态不实

要求动作自然得体。

3．器不洁

要求器物整洁，身手洁净。

4．境不清

要求器具铺设协调，环境整洁，噪声低。

5．容不恭

要求形象礼仪大方，自然，亲切，文雅，彬彬有礼。

6．心不宁

要求心态平和，心无旁骛，自然流露，气定神闲。

7．意不适

要求心意合一。

（五）七境

1．登堂入室

布、入、坐、冲、站、行，熟练动作，圆、绵、轻、沉、简、松。

2．形神兼备

由形入心，动作有序，心神合一，聚精会神。

3．内外兼修

知行合一，提升内在修养和气质形象。

4．自觉自悟

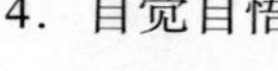

由内而外，改善言行举止。

5. 技进乎道

了解和掌握泡茶的规律。

6. 从心所欲

应茶、应时、应地、应人，从心所欲，不逾矩，可简可繁。

7. 度己度人

内外德慧双修，炉火纯青，弘道度人。

五、中国茶艺发展概况

（一）唐代煮茶法

唐代盛行蒸青团茶，流行煮茶法，即茶入水烹煮而饮。

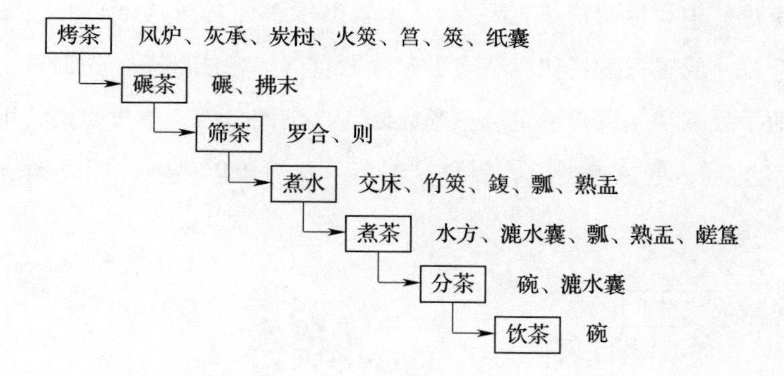

（二）宋代点茶法

宋代点茶，在唐代煮茶法的基础上建立的一种饮茶方法。

点茶，即将茶叶末放在茶碗里，注入少量沸水调成糊状，再注入沸水，或者直接向茶碗中注入沸水；同时用茶筅搅动，茶末上浮，形成粥面。

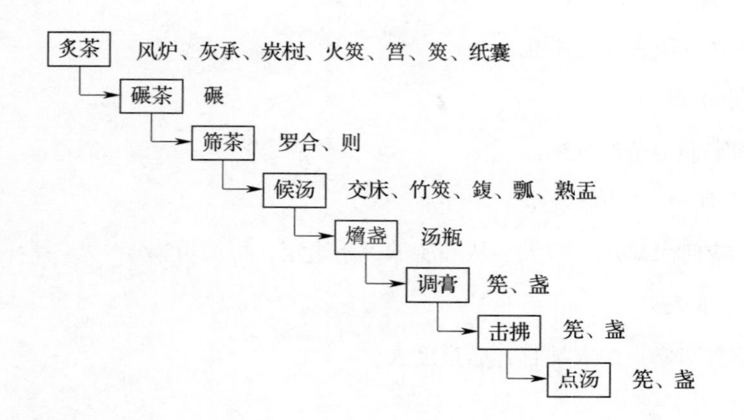

（三）明清瀹茶法

朱元璋以团茶制作劳民伤财为由，下诏废除贡团茶。随着散茶逐渐兴起，以瀹茶法为主的散茶品饮方式逐渐代替点茶法并成为一直延续至今的饮茶方式。

瀹茶法，即用条形散茶直接冲泡饮用的饮茶方式，更看重茶汤的滋味和香气。许次纾在《茶疏》中写道明清茶艺要点："未曾汲水，先备茶具，必洁必燥，开口以待，盖或仰放，或置瓷盂，勿竟覆案上，漆器食气，皆能败茶。先握茶手中，候汤既入壶，随手投茶汤，以盖覆定。三呼吸时，次满倾盂内，重投壶内，用以动荡香韵，兼色不沉滞。更三呼吸顷，以定其浮薄。然后泻以供客，则乳嫩清滑，馥郁鼻端"。

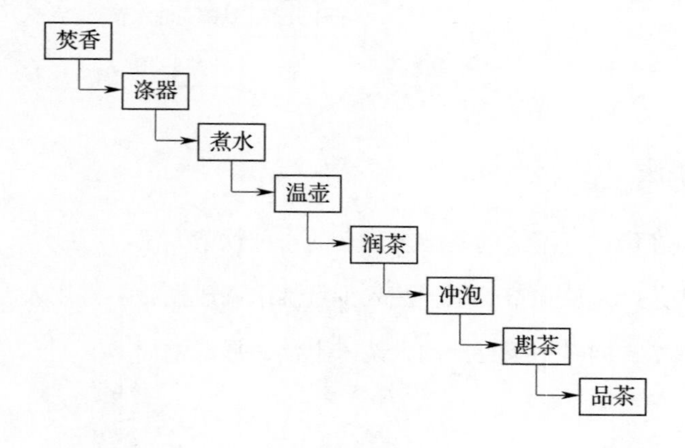

第三节 茶　叶

一、相关知识

在植物分类系统中，茶树属于

被子植物门 Angiospermae

双子叶植物纲 Dicotyledoneae

原始花被亚纲 Archichlamydeae

侧膜胎座目 Parietales

山茶亚目 Theineae

山茶科 Theaceae

山茶亚科 Theoideae

山茶族 Trib. Theeae

山茶属 *Camellia*

茶亚属 *Camellia* Subgen. Thea

茶组 *Camellia* Sect. Thea

茶系 *Camellia* Ser. Sinensis H. T. Chang

茶 *Camellia sinensis*（Linn.）O. Kuntze

现今，已发现山茶科植物23属380多种，其中15属260多种原产于中国。近年来，在我国西南地区发现的野生大茶树数量最多，分布最广。表1-3为茶树的类型及特征，图1-1为茶树类型，图1-2为茶树叶片特征，图1-3为茶树叶尖形状，图1-4为茶树花，图1-5为茶树果实和种子，表1-4是茶树鲜叶生化成分。

表1-3　茶树的类型及特征

部位	类型	特征
茎	乔木型	主干明显、粗大，分枝离地面远，一般树高10m以上
	半乔木型	主干明显，主干和分枝容易区别，分枝离地面较近
	灌木型	主干矮小，分枝稠密，主干与分枝不易分清
芽	营养芽	发育成枝和叶的芽，包括芽轴、生长锥、叶原基、幼芽、腋芽原基和鳞片等
	花芽	发育成花和花序的芽
叶	特大叶种茶树，叶面积≥$50cm^2$	叶缘有锯齿，主脉明显，叶脉呈网状，叶背面着生茸毛
	大叶种茶树，$28cm^2$≤叶面积<$50cm^2$	
	中叶种茶树，$14cm^2$≤叶面积<$28cm^2$	
	小叶种茶树，叶面积<$14cm^2$	
花	两性花	异花受粉（虫媒），花瓣通常为5~7片，多为白色，少数呈淡黄或粉红色，稍有芳香；花期10月至翌年2月
果实和种子	单室果、双室果、三室果、四室果、五室果等	茶果属蒴果，成熟需16个月，约在10月份成熟
根	主根	主根由胚根发育形成，呈红棕色，具有向地性，可达1~2m
	侧根	指主根或不定根初生生长后不久产生的分支，呈红棕色
	吸收根	吸收水分无机盐和少量CO_2
	根毛	吸收水分和营养物质等

（1）乔木　（2）灌木　（3）小乔木

图1-1　茶树类型

图1-2　茶树叶片特征

图1-3　茶树叶尖形状

图1-4　茶树花

图1-5　茶树果实和种子

表1-4　茶树鲜叶生化成分

组分及其含量		概述
水分（75%~78%）		
干物质（22%~25%）	蛋白质（20%~30%）	主要是谷蛋白、白蛋白、球蛋白、精蛋白
	氨基酸（1%~4%）	已发现26种，主要是茶氨酸、天门冬氨酸、谷氨酸
	生物碱（3%~5%）	主要是咖啡因、茶叶碱、可可碱
	酶	主要是氧化还原酶、水解酶磷酸酶裂解酶、同分异构酶
	茶多酚（18%~36%）	主要是儿茶素，占总量的70%以上
	糖类（20%~25%）	主要是纤维素、果胶、淀粉、葡萄糖、果糖
	有机酸（约3%）	主要是苹果酸柠檬酸、草酸、脂肪酸
	类脂（约8%）	主要是脂肪、磷脂、甘油酯、硫脂和糖脂
	色素（约1%）	主要是叶绿素胡萝卜素类、叶黄素类、花青素类
	芳香物质（0.005%~0.03%）	主要是醇类、醛类、酸类、酮类、酯类、内酯
	维生素（0.6%~1.0%）	主要是维生素C、维生素A、维生素E、维生素D、维生素B_1、维生素B_2、维生素B_6、维生素K、维生素H
	水溶性部分（2%~4%）	
	水不溶性部分（1.5%~3%）	

表1-5　茶叶中常见呈味物质

呈味物质	滋味
茶多酚	苦涩味
氨基酸	鲜爽带甜，焦糖香
咖啡因	苦味
糖（可溶性）	甜味
果胶	无味，但感汤厚
茶黄素	刺激性强烈、爽口
茶红素	刺激性弱、带甜醇
茶褐素	味平淡、稍甜

茶叶常见的滋味有酸、甜、苦、涩等，其成味物质与茶多酚、咖啡因、氨基酸、可溶性糖、茶黄素、茶红素、茶褐素等成分有关，表1-5说明了茶叶中常见呈味物质；上述物质为茶叶中的主要成分，其分布及功能如表1-6所示。

表1-6　茶叶中主要成分的分布及功能

种类	组分	部位	变化	功能
茶多酚	黄烷醇类、花色苷类、黄酮醇类和黄酮类，其中以黄烷醇类为主	嫩叶、嫩茎、芽	伸育度小>伸育度大，大叶种>小叶种，夏茶>秋茶>春茶，海拔低>海拔高	抑制动脉硬化、抗氧化、增强毛细血管、降低血糖、防衰老、抗辐射、杀菌消炎、抗癌抗突变
氨基酸	茶氨酸	嫩芽叶	伸育度小>伸育度大，春茶>夏茶	提高机体免疫力、镇静作用，抗焦虑、抗抑郁、增强记忆、增进智力
生物碱	咖啡因、茶叶碱、可可碱	红梗、白毫、花、种子	伸育度小>伸育度大，大叶种>小叶种，夏茶>春茶，遮阳>不遮阳	利尿、促进消化、改善便秘、止痛、增强身体敏捷度

二、茶叶演变

表1-7　茶叶演变

演变阶段	时期	茶类	出处
生煮羹饮阶段	神农氏		药用——“神农尝百草，日遇七十毒，得茶解之。”（传为《神农本草经》记载）“茶茗久服，令人有力、悦志”（唐·陆羽《茶经》） 食用——“婴相齐景公时，食脱粟之饭，炙三弋、五卵、茗菜而已。”（春秋·晏婴《晏子春秋》） 饮用——“淹留膳茗粥，共我饭蕨薇。”（唐·储光羲《吃茗粥作》）
晒干收藏阶段	西晋		“……厥生荈草……是采是求……器择陶简……酌之以匏……”（东晋·杜育《荈赋》）“茶生银生城界诸山，散收，无采造法，蒙舍蛮以椒、姜、桂和烹而饮之。”（唐·樊绰《蛮书》）
蒸青团茶阶段	唐代	蒸青团茶	“晴，采之，蒸之，捣之，拍之，焙之，穿之，封之，茶之干矣，自采至封，七经目。”（唐·陆羽《茶经》）
蒸青散茶阶段	宋代	蒸青散茶	“茶有两类，曰片茶，曰散茶”。（《宋史·食货志》）“饮有觕茶、散茶、末茶、饼茶者”（唐·陆羽《茶经》）
龙团凤饼	宋代	饼茶	“采茶北苑，初造研膏，继造腊面。”“太平兴国初，特置龙凤模，遣使即北苑造团茶，以别庶饮，龙凤茶盖始于此。”（宋·熊蕃《宣和北苑贡茶录》）“岁修建溪之贡，龙团凤饼，名冠天下。”（宋·赵佶《大观茶论》）
炒青绿茶阶段	唐代	炒青绿茶	“自摘至煎俄顷余”“山僧后檐茶数丛……斯须炒成满室香”（唐·刘禹锡《西山兰若试茶歌》）“生茶初摘，香气未透，必借火力以发其香。”（明·许次纾《茶疏》）
其他茶类阶段	唐代	白茶	“永嘉县东三百里有白茶山”（唐·陆羽《茶经》）“白茶自为一种，与常茶不同，其条敷阐，其叶莹薄，崖林之间，偶然生出。”（宋·赵佶《大观茶论》）
	宋代	花茶	“茶有真香，而入贡者微以龙脑和膏，欲助其香”（宋·蔡襄《茶录》）
	16世纪	红茶	“山之第九曲处有星村镇……所产之茶，黑色红汤，土名江西乌，皆私售于星村各行。”（清·刘靖《片刻余闲集》）

续表

演变阶段	时期	茶类	出处
其他茶类阶段	明代	黄茶	“顾彼山中不善制造……兼以竹造巨笥，乘热便贮，虽有绿枝紫笋，辄就萎黄，仅供下食，奚堪品斗”（明·许次纾《茶疏》）
		黑茶	“商茶低伪，悉征黑茶，产地有限……”（明·陈讲疏《御史》）
	清代	青茶	“独武夷炒焙兼施，烹出之时，半青半红，青者乃炒色，红者乃焙色也”（清·王草堂《茶说》）

三、历代茶业

茶之为饮，发乎神农氏，闻于鲁周公，兴于唐代，盛于宋代，衰落于晚清，复兴于近代，繁荣于当代。

（一）唐代茶业

1．茶事（618—907）

（1）一个人　陆羽（733—804），字鸿渐，唐代著名的茶学专家，人称“茶圣”。

（2）一本书　《茶经》，是第一部介绍茶的专著。此外，还有皎然《茶诀》、张又新《煎茶水记》、温庭筠《采茶录》等著作。

（3）三首诗　皎然《饮茶歌诮崔石使君》：“三饮便得道（sān yǐn biàn dé dào）……孰知茶道全尔真（shú zhī chá dào quán ěr zhēn）……”

元稹《一字至七字诗·茶》：“茶（chá），香叶（xiāng yè），嫩芽慕诗客（nèn yá mù shī kè），爱僧家（ài sēng jiā）。”

卢仝《走笔谢孟谏议寄新茶》：“一碗喉吻润（yī wǎn hóu wěn rùn），两碗破孤闷（liǎng wǎn pò gū mèn）。三碗搜枯肠（sān wǎn sōu kū cháng），唯有文字五千卷（wéi yǒu wén zì wǔ qiān juǎn）。四碗发清汗（sì wǎn fā qīng hàn），平生不平事（píng shēng bù píng shì），尽向毛孔散（jìn xiàng máo kǒng sàn）。五碗肌骨清（wǔ wǎn jī gǔ qīng），六碗通仙灵（liù wǎn tōng xiān líng）。七碗吃不得也（qī wǎn chī bù dé yě）。唯觉两腋习习清风生（wéi jiào liǎng yè xí xí qīng fēng shēng）。”

（4）四幅画　《萧翼赚兰亭图》，唐代画家阎立本（约601—673），辽宁省博物馆收藏；《烹茶仕女图》《明皇合乐图》，唐代张萱（生卒年未详）绘，台北故宫博物院收藏；《唐人宫乐图》，著于晚唐，又称《会茗图》，台北故宫博物院收藏。

（5）一套茶具　1987年，陕西法门寺地宫中，发掘大量唐代宫廷金银器，包括茶碗、碟、盘、净水瓶共计16件。

2．种类

唐代茶产区分为山南、淮南、浙西、剑南、浙东、黔中、江南、岭南，播、费、夷、鄂、袁、吉、福、建、泉、韶、象十一州未详。往往得之，其味极佳，饮有觕茶、散茶、末茶、饼茶者，分为胡靴、牛臆、浮云出山、轻飚拂水、澄泥、雨沟、竹箨、霜荷八个等级；产有顾渚紫笋茶（浙江长兴）、霍山黄芽茶（安徽霍山）、阳羡茶（江苏宜兴）、蒙顶茶（四川蒙山）、昌明茶（四川绵阳）、衡山茶（湖南衡山）、仙人掌茶（湖北当阳）等。

（二）宋代茶业

1．茶事（960—1279）

gài rén jiā měi rì bù kě què zhě　chái　mǐ　yóu　yán　jiàng　cù　chá
“盖人家每日不可阙者，柴、米、油、盐、酱、醋、茶。”（宋·吴自牧《梦粱录》）

（1）一本书　《大观茶论》原名《茶论》，于大观元年（1107）赵佶所著，故又称为《大观茶论》。全书有二十篇，详细记述了北宋时期蒸青团茶的斗茶风尚、产地、采制、烹试、品质等。

（2）一场戏　茶百戏，又称分茶、水丹青等，是一种用茶和水等液体表现字画的独特艺术形式。始于唐代，盛于宋代，衰于元代，清代至今未见文献记载；章志峰于2009年复原了分茶技艺，再现古代点茶、斗茶文化的重要技艺。

（3）五大窑　官窑、哥窑、定窑、钧窑、汝窑。

2．种类

宋代名茶有近100种，如建安茶、武夷茶、五果茶、普洱茶、白云茶、花坞茶、龙井茶、信阳茶等，大部分仍以蒸青团饼茶为主，各种名目翻新的“龙凤团茶”是宋贡茶的主体。福建产的茶逐渐占据主流，其中建州（今福建省建瓯市）成为贡茶重地，并修建贡茶院——北苑，进贡茶有40余种。

（三）元明茶业

1．茶事

（1）一个人　朱元璋（1328—1398），字国瑞，明朝开国皇帝（1368—1398年在位），史称明太祖，卓越的军事家、战略家、统帅。

（2）一个法　罢团兴散——为“瀹饮法”埋下伏笔。

元代是中国茶业发展过渡期，当时饼茶（龙团凤饼）和散茶并重；在福建武夷山九曲设御茶园，专门制作贡茶。但明代改革了贡茶，将饼茶改成散茶，蒸青改为炒青，同时蒙顶黄芽问世。于是我国散茶生产的兴盛时期，茶叶种植进一步扩大，为当代茶区奠定基础。

（3）两本书

①朱权《茶谱》：全书约2000字，共16则，即品水、品茶、收茶、熏香茶法、点茶、煎汤法、茶炉、茶灶、茶瓯、茶磨、茶碾、茶筅、茶罗、茶架、茶匙、茶瓶。

②许次纾《茶疏》：全书约47000字，共36则，详细介绍了茶的生长环境、制茶工序、汲泉择水、烹茶用具、烹茶技巧、用茶礼俗、饮茶佳客、饮茶场所等，具有重要的价值，是一部与《茶经》相颉颃的佳作。

（4）一种饮茶法　明朝宁王朱权提倡从简饮茶，并改革了传统的茶具和茶艺。“予故取烹茶之法，末茶之具，崇新改易，自成一家。”（明·朱权《茶谱》）

2．种类

（1）元代名茶　元代是中国茶业发展过渡期，当时饼茶（龙团凤饼）和散茶并重。在福建武夷山九曲设御茶园，专门制作贡茶，其中白鸡冠较为著名。元代名茶有40余种，如“金子茶（末茶），建州和剑州的头金、骨金、次骨等，泥片茶、绿英茶、早春茶、大巴陵茶、雨前茶。”（元·忽思慧《饮膳正要》）

（2）明代名茶　明代，我国散茶生产的兴盛时期，茶叶种植进一步扩大，为当代茶区奠定基础。明代名茶有90余种，如西湖龙井、西南松萝、碧涧茶、薄片茶、白露茶、绿花茶、白芽茶、黄山云雾、蒙顶黄芽等。

（四）清代茶业

1．茶事

清代，中国传统茶文化开始从文人转向平民，并形成民间主流。清代茶馆发展迅速，是我国茶馆的鼎盛时期，晚清跌入低谷。

（1）盖碗盛行　盖碗由碗、盖、托三部分组成。

（2）彩绘瓷茶具发展　创制新珐琅彩、粉彩等品种。

（3）“景瓷宜陶”　清中叶至清末是紫砂壶与书法、绘画、诗词、篆刻结合的时期，其代表人物是陈鸣远、陈曼生和邵大亨等。

（4）新型茶具出现　竹编茶具、脱胎漆茶具、植物茶具开始出现，还有潮汕地区的“烹茶四宝”。

2．种类

清代既是我国茶种植和制作空前发展的时期，也是走向凋零的时期。六大茶类分类清晰明确，并且出现了许多名茶、贡茶。

清代名茶有40余种，如碧螺春、武夷岩茶、黄山毛峰茶、西湖龙井茶、九曲红梅、祁门红茶、政和白茶、君山银针、凤凰水仙、务川高树茶、贵定云雾茶、湄潭眉尖茶等。

（五）名茶种类

名茶种类见表1-8。

表1-8　名茶种类

时间	名茶种类
唐代	巴蜀贡茶、香茗、南安茶、武阳茶、龙凤茶饼、荆巴茶饼、武陵茶、西阳茶、巴东真香茶、武昌茶、黄牛山茶、荆门山茶、女观山茶、望州山茶、晋陵茶、山阴坡茶、庐江茶、温山御荈、永嘉茶、辰州溆浦茶、茶陵茶、平夷茶、蒙顶茶（包括蒙顶研膏茶、紫笋、压膏露芽、石花、井冬茶、蒙顶钱芽、鹰嘴芽白茶云茶、雷鸣茶）、青城山茶、味江茶、蝉翼、片甲、麦颗、乌中级、横牙、雀舌、峨眉白芽茶、峨眉茶、五花茶、名山茶、百丈茶、火番茶、火井茶、绵州松岭茶、骑火茶、堋口茶、彭州石花、仙崖茶、梅岭茶、昌明兽目（昌明茶、兽目茶）、神泉小团、玉垒沙坪茶、思安茶、九华茶、顾渚紫笋、阳羡茶、径山茶、睦州细茶、鸠坑茶、方茶、举岩茶、明州茶、东白茶、剡溪茶、瀑布岭仙茗、灵隐茶、天竺茶、天目茶、茶岭茶、黔

续表

时间	名茶种类
唐代	阳都濡茶、多棱茶、白马茶、宾化茶、三般茶、龙珠茶、合川水南茶、狼揉山茶、小江源（园）茶、茱萸茶、方蕊茶、明月茶、仙人掌茶、蕲水团薄饼、蕲水团黄、蕲门、团黄、黄冈茶、鄂州团黄茶、施州方茶、归州白茶（清口茶）、荆州碧间茶、楠木茶、碧润茶、襄州茶、零陵竹间茶、碣滩茶、灵溪芽茶、西山寺炒青、麓山茶（潭州茶）、渠江薄片、石禀方茶、岳山茶、衡山月团、滩湖含膏（含膏茶）、黄翎毛、澧阳茶、泸溪茶、邵阳茶、金州芽茶、梁州茶、西乡月团、光山茶、义阳茶、祁门方茶、新安含膏、牛轭岭茶、歙州方茶、至德茶、九华山茶、雅山茶（瑞草魁、雅山茶、鸭山茶、丫山茶、丫山阳坡横纹茶）、庐州茶、舒州天柱茶、小岘春、六安茶、霍山天柱茶、霍山小团、霍山黄芽、寿阳茶、先春含膏、婺源方茶、吉州茶、庐山云雾茶（庐山茶）、浮梁茶、界桥茶、蘑菇茶、鹤岭茶、西山白露茶、润州茶、洞庭山茶、蜀冈茶、阳羡紫笋、夷州茶、费州茶、思州茶、播州生黄茶、蜡面茶、建州大团、建州研膏茶、唐茶、正黄茶、柏岩茶（半岩茶）、方山露芽（方山生芽）、罗浮茶、岭南茶、生黄茶、西乡研膏茶、西樵茶、吕岩茶、刘仙岩茶、象州茶、西山茶、容州竹茶、银生茶
宋代	福州蜡面茶、福州玉津、方山露芽、漳州蜡面、古雷茶、唊山茶、骨子、玉泉茶、延平半岩茶、麦颗、邛州茶、火井茶、火番茶、沙坪茶、味江茶、罗村茶、兽目茶、赵坡茶、杨村茶、石花茶、仙岩茶、堋口茶、蝉翼、片甲、雅山茶、乌嘴、雀舌、梅岭茶、峨眉白芽、蒙顶茶、圣杨花、泸州茶、月兔茶、都濡高枝茶、宾化茶、夔州真香茶、多波茶、多棱茶、白马茶、狼揉山茶、水南茶、涪州三般茶、径山茶、雨前茶、白云茶、香林茶、宝云茶、垂云茶、龙井茶、黄岭山茶、石笕岭茶、小溪茶、云雾茶、魏岭茶、紫凝茶、宁海茶、举岩茶、方茶、紫高山茶、白马山茶、廷峰茶、雁荡茶（龙湫茶）、细坑茶、焙坑茶、小昆茶、大昆茶、鹿苑茶、紫岩茶、胡山茶、瀑布岭茶、真如茶、五龙茶、丁坑茶、瑞龙茶、卧龙茶、花坞茶、日铸茶、茗山茶、瀑布仙茗、天尊岩茶、乌龙山茶、鸠坑茶、西庵茶、龙坡茶、大方茶、小方茶、绿芽茶、双上茶、云山茶、衡山茶、芽茶、白鹤茶、小卷生、开卷、开胜、小巴陵、大巴陵、黄翎毛、泡湖含膏、金茗、片金、岳麓茶、潭州茶末、独行、灵草、杨树、雨前、雨后、石楠茶、月团、焦溪茶（窝坑茶）、云居茶、泥片、虔州界茶、双港茶、庆合、运合、禄合、福合、嫩蕊、仙芝、金片、绿英，临江玉、津茶、黄檗茶、紫源茶、筠川紫源茶、庐山云雾、谢源茶、双井白茶（双井鹰爪）、黄龙茶、周山茶、白水团茶、小龙凤团茶、九龙团茶、仙人掌茶、巴东真香茶、峁水团茶、蕲水团茶、蕲门团茶、两府茶、宝山茶、双胜茶、进宝茶、鄂州团茶、大拓枕茶、碧涧茶、茱萸茶、明月、碧涧、紫花芽茶、清口茶（归州白茶）、龙芽、广德芽茶、胜金、来泉、华英、早春、先春、紫霞茶、白岳金芽、池源茶、闵坑茶、雅山茶、龙溪茶、开火茶、天柱茶、霍山黄芽、虎丘茶、洞庭山茶、水月茶、蜀冈茶（禅智寺茶）、阳羡茶、都茗茶、容州竹茶、古县茶、修仁茶、吕仙茶（吕岩茶）、西乡团茶、城固团茶、西县团茶、浅山薄侧茶、东首茶、信阳茶、高树茶、鹦鹉茶、生黄茶、普洱茶、五果茶、生黄茶、春紫笋茶、夏紫笋茶、罗浮茶、西樵山茶、天子茶、凤山茶

续表

时间	名茶种类
元代	头金、骨金、次骨、末骨、粗骨、泥片、绿英、金片、早春、华英、来泉、胜金、独行、灵草、绿芽、片金、金茗、大石枕、大巴陵、小巴陵、开胜、开卷、小开卷、生黄翎毛、双上绿芽、小大方、东首、浅山、薄侧、清口、雨前、雨后、杨梅、草子、岳麓、龙溪、次号、末号、太湖、茗子、仙芝、嫩蕊福合、禄合、运合、庆合、指合、龙井茶、武夷茶
明代	龙培、北苑茶、建安贡茶、石崖白、沙溪茶、延平贡茶、南山应瑞、粗骨、末骨、次骨、骨金、头金、武夷茶、武夷岩茶、探春、先春、次春、武夷紫笋、延平半岩茶、建宁次春、建宁先春、建宁探春、寿宁春、南平茶、柏岩茶、鼓山半岩茶、方山茶、九峰茶、清源山茶、蟹谷茶、灵石茶、白琳茶、太姥山茶、支提茶、英山茶、玉泉茶、名山宝茶、香茶、宝云茶、香林茶、白云茶、龙井茶、顾渚茶、金字茶、龙坡山子茶、老庙后茶、举岩茶、鸠坑茶、大龙茶、方山茶、严州茶、台州茶、温山茶、日铸茶、日铸雪芽、臣龙山茶（瑞龙茶）、丁坑茶、花坞茶、高坞茶、小朵茶、雁路茶、雁荡龙湫茶、剡溪茶、后山茶、分水贡茶、石笕茶、白茶、灵山茶、芽茶、径山茶、富春茶、范殿师茶、绿花、紫英、明月峡茶、天目山茶、昌化茶、罗岕茶、童家岙茶、瀑布茶、云雾茶、紫凝茶、临海芽茶、东阳毛尖、芽茶、金片、绿英、界桥茶、云脚茶、泥片、指合、庆合、运合、禄合、嫩蕊、仙芝、吉安茶、传担山茶、南康茶、南康云居、九江茶、四大名家丛、饶州茶、香城茶、紫清茶、鹤岭茶、白露茶、白芽、岩阳茶、双井茶、庐山铝林茶、云雾茶、广信先春、枫岭茶、云林茶、瑞州枪旗茶、临江茶、袁州茶芽、储茶、宁都岕茶、紫霞茶、黄山云雾、黄山茶、牛轭岭茶、瑞草魁、横纹茶、阳坡茶、青阳茶、岩地源茶、广德芽茶、建平芽茶、六安茶、凤亭茶、小四岘茶、毛尖、雀舌、松罗茶、闵茶、石埭茶、高峰茶、龙溪茶、末号、次号、蒙顶茶、蒙顶石花、玉叶长春、雷鸣茶、麦颗、灌县茶、鸟嘴、永宁茶、天全茶、天泉乌茶、绿昌明、嫩绿茶、火井思安茶、家茶、孟冬、铁甲、丹棱茶、纳溪茶、泸州茶、峨眉茶、白毛茶、薄片、骑火茶、石泉茶、凌云茶、洪雅茶、太湖茶、鹤鸣茶、雾中茶、沙坪茶、茅亭茶、黔江茶、彭水茶、都濡高枝茶、丰都茶、开茶、香山茶、宾化茶、白马茶、涪陵茶、武隆茶、南川茶、崇阳茶、蒲圻茶、嘉鱼茶、小江园、碧涧、明月、方蕊、南木茶、荆州茶、樊山茶、草子茶、杨梅茶、雨前茶、雨后茶、桃花茶、蕲门团黄茶、仙人掌茶、建始茶、骞林茶、真香茶、施州茶、施州探春、施州先春、施州次春、施州人香、施州研膏、大石枕、清口茶（归州白茶）、岳麓茶、金茗、片金、绿芽、灵草、独行、石楠、铁色茶、小方、大方、双上、君山茶、黄翎毛、小开卷、开卷、开胜、小巴陵、大巴陵、衡山茶、新化茶、安化茶、安化芽茶、黑茶、宁乡茶、益阳茶、临湘茶、龙窖山茶、邵阳茶、宝庆茶、渠江茶、武冈州茶、嶷茶、赵茶、毛坪茶、靖州茶、二凉亭茶、茶陵茶、曹溪茶、罗坑茶、贡茶、顶湖茶、文昌茶、琼山芽茶、琼山叶茶、太华茶、五华茶、宝洪茶、金齿茶、湾甸茶、感通茶、普洱茶、广西茶、孩儿茶、芒部茶、城固茶、西乡茶、盖山茶（五盖山茶）、甑山茶、阳羡茶、含膏茶、西山茶、春池茶、洞山茶、青叶、雀舌、罗岕茶、壶蜂翅（枪旗）、太湖茶、天池茶、虎丘茶、海州茶、茗子、佘山茶、西樵山茶、毛茶、古楼茶、琉璃茶、橘子郎茶、天柱山茶、黄坑茶、金州茶、紫阳茶、石泉茶、汉中茶、汉阴茶、平利茶、薄侧茶、浅山茶、东首茶、信阳茶、罗山茶、播州茶（播州云雾茶）、乌蒙茶、平越茶、高树茶、云钩茶、云雾茶、龙里茶、清平茶、香炉山云雾茶、莺嘴茶、旁海毛茶、洞茶、鹦鹉茶、官田茶、桂山茶、罗浮茶、新安茶、刘岩茶（吕岩茶）、六峒茶、清湘茶、龙脊茶、修仁茶、西山茶、白毛茶、明山茶、莱州茶、鲁山茶、云芝茶、莱阳茶

续表

时间	名茶种类
清代	龙井茶、九曲红梅、珍眉、贡熙，强兴芽茶、兰雪茶、日铸茶、平水珠茶、高邬茶、瑞龙茶、玉芝茶、岩项茶、芭茶、建德芽茶、寿昌茶、十二都里洪坑茶、十都绿茶、天尊岩茶、径山茶、伏虎岩茶、天目山茶、南乡黄茶、天目云雾茶、黄脚岭茶、龙游芽茶、石门芽茶、绿牡丹、丽水芽茶、云雾茶（云雾芽茶）、惠明茶、雁荡山（龙湫茶）、温绿、温州黄汤、东阳毛尖、举岩茶、金华贡茶、茗茶、方山早茶、莫干黄芽、慈溪贡茶、小溪茶、魏岭茶、紫凝茶、云雾茶、茅尖茶、区茶、灵山茶、四明山十二雷茶、龙角山茶、隐地茶、勃鸪岩茶、雪水岭茶、覆厄山茶、凤鸣山茶、后山茶、瀑布岭茶、梓乌山茶、柱山茶、五泄山茶、宜家山茶、石笕岭茶、东白山茶、罗岕片茶、界岕梗茶、顾渚山茶、剡溪茶、茶芽、泉岗辉白、鸠坑茶、大方、遂绿、上云茶、芽茶、普陀茶、茗山茶、屯溪绿茶（屯绿）、珍眉、松罗茶、毛尖、白毫大庄、通江白茶（老荫茶）、女儿茶、香露茶、绵竹白茶、红茶、黄茶、崇庆茶、铁甲茶、大叶茶、花刀茶、锅焙茶、雨前茶、观音山茶、红茶、白茶、山门茶、太湖茶、雾钟茶、名山仙茶、蒙顶茶、上清峰茶、芽白、芽细、花毫、元枝、南路边茶、毛尖、芽子、砖茶、金仓、金玉、金尖、峨眉白芽（峨蕊）、鹤鸣山茶、舒城兰花、太平猴魁、尖茶、六安瓜片、九华山茶、闵茶、涌溪火青、石井茶、敬亭绿雪、祁门红茶、黄山毛峰、翠雨茶、紫霞茶、顶谷大方（老竹大方）、珍眉、贡熙、副熙、熙春、乌龙、蕊眉、针眉、芽雨、峨眉、凤眉、熘珠、圆珠、宝珠、麻珠、虾目、太华茶、五华茶、阳宗茶、感通茶、太平茶、雀香茶、雀舌茶、青城山贡茶、西路边茶（松茶）、茅亭茶、白茶、桌面茶、木鱼茶、板凳茶、引茶、票茶、圆包茶、方包茶、康砖茶、竹当茶、泸茶、重庆沱茶、方蒳香茗、香山茶、夔州茶、开县茶、英德云雾茶、葫芦茶、浮云山茶、黄岭茶、阿婆嶂岭茶、蓝山茶、朱山茶、仁化银毫、黄茶、普洱茶、普洱毛尖、普洱芽茶、普洱沱茶、普洱团茶、七子饼茶、人头茶、女儿茶、金月天茶、疙瘩茶、小满茶、谷花茶、蕊珠茶、竹筒茶、紧茶、普洱方茶、改造茶、紧团茶、金齿茶、湾甸茶、滇红工夫、马邓茶、白龙须茶、秧塔白茶、米池茶、玉露茶（云针茶）、须立茶、景星茶、安定茶、景迈茶、下关沱茶、宝洪茶、合罗茶、七根毛茶、陈茶、上帅茶、化板茶、康和茶、霜茶、河源仙茶、雀舌茶、凤眼茶、白毛尖、雀嘴茶、红崖茶（定风茶）、老人茶、莲子荔茶、白毫茶、建国工夫、水仙茶、建宁府贡茶、白琳工夫、太姥山茶（绿雪芽、绿头春）、支提茶、白毫银针、寿眉、白牡丹、白毛猴（白毛莲芯）、鼓山半岩茶、乌龙茶、郑宅茶、闽南乌龙茶、安溪铁观音、水仙、棕毛茶、洞滨茶、昌仙茶、武夷岩茶、武夷洲茶、工夫红茶、小种红茶、武夷肉桂、武夷水仙、武夷奇种、武夷白毫、武夷乌龙、大红袍、武夷松萝、雀舌、紫毫茶、莲心茶、武夷茶、蒲城小种茶、碧螺春、天池茶、小春茶、虎丘茶、云台山茶（云台山云雾茶）、罗岕茶（洞岕）、阳羡茶、云雾茶、余山茶、冻顶乌龙茶、水沙连茶、港口茶、罗佛山茶、台北乌龙、木栅铁观音、台湾乌龙茶、刘岩茶（吕岩茶）、糯洴茶、石芽茶、金山茶、河口茶、四山冲茶、大扒茶、瑶茶、灵就茶（浔江茶）、六峒茶、清茶、乐昌白毛茶、昌荣、果子茶、古老茶、九节茶、罗坑茶、土茶、马增茶、白马茶、五峰山绿茶、白云茶、笔架茶、马图茶、南台茶、清凉山茶、清桂茶、凤凰单丛、凤凰水仙、石古坪乌龙茶、侍沼茶、饶平色种、西岩茶、担竿山茶、河南茶、黄扬山茶、凤凰山茶、新安茶、神仙茶、琉璃茶、南海毛茶、西樵山茶、白云茶、罗浮茶、古劳茶（火花香茶）、顶湖茶、凤山茶、天堂茶、高界茶、

续表

时间	名茶种类
清代	大龙茶、黄连茶、板洞茶、中坑茶、白艺茶、罗勒茶、冷壅茶、白崖茶、石萤茶、多罗茶、岳山茶、石亭豆绿、花茶、天生茶、香茶、坦洋工夫红茶、绿叶白毫茶、福安乌龙茶、政和白毫、闽红工夫、烟小种、老君眉、龙脊茶、西山茶、三岩三茶、石田茶、中和茶、六堡茶、虾斗茶、南山白毛茶、六屏大山茶、都隆冻水茶、古帮窖山茶、白塘茶、六麻上岑茶、古琶茶、庙王茶、龙山茶、紫荆茶、白毛茶、蓝靛茶、金钩茶、三防茶、黄金茶、仙人茶、雷电仙茶、紫阳毛尖、紫阳芽茶、泾阳茶、南郑茶、石泉茶、龟岭茶、水满洞茶、思河岭茶、南闾岭茶、灵茶（江南黄连茶）、宜红工夫、恩施玉露、峡州茶、鹿苑茶、鸣凤茶、武昌芽茶、米砖（红砖茶）、阳新芽茶、帽盒茶、青砖茶、小京砖茶、蒲圻黑茶、峒茶、羊楼峒茶、乌东茶、火前茶、春华红茶、银芽红茶、家园茶、太和茶、香桃茶、白锥山烟雨、西乡茶、安康茶、家园茶、信阳毛尖、叶县茶、商城茶、固始茶、光州茶、罗山茶、乐安茶、莱阳茶、云芝茶、琼州澄茶、五指山茶、蒲乌茶、鹧鸪茶、苦橙茶、万州松罗茶、白毛茶、湖北红茶、咸宁青茶、仙峒茶、云岩茶、仙人掌茶、紫云茶、灵虬山茶、蕲州云雾茶、汉阳茶、龙泉茶、观音茶、桃花茶、凤髓茶、通天岩茶、狗牯脑、竹叶青茶、江西岕茶、江西乌（红茶）、庐山云雾、钻林茶、婺绿、朵贝茶、海宫茶、果瓦茶、姑青茶、平桥茶、清池茶、回龙茶、高寨茶、坡柳茶、姑娘茶、羊场茶、滚郎茶、眉尖茶、南贡茶、高树茶（都濡高株）、晏茶、云雾茶、龙里茶、都匀毛尖、莺嘴茶、香炉山云雾茶、金鼎云雾茶、坪山茶、云香茶、浮梁茶（浮红）、白鹤茶、帽盒茶、君山银针、君山毛尖、北港毛尖、白鹤翎（白毛尖）、龙窖山茶、湖红工夫、安化红茶、芽茶、天尖茶、茯砖茶（泾阳砖）、花卷茶（千两茶）、黑砖茶、安化贡茶、宁乡贡茶、益阳贡茶、沩山毛尖、界亭茶、碣滩茶、官庄毛尖、古丈毛尖、牛抵茶、宝庆贡茶、巖茶、钴林茶、江华毛尖、盖山茶（五盖山米茶）、大园储茶、观音茶、白毫茶、钩藤茶、仙人茶、双井茶、修水茶（宁红、宁红工夫）、邓坑茶、鹤岭茶
现代	铁观音、凤凰单丛、滇红、英红、蒙顶茶、都匀毛尖茶、昆明十里香、西湖龙井、洞庭碧螺春、黄山毛峰、太平猴魁、武夷岩茶、庐山云雾、君山银针、六安瓜片、信阳毛尖、紫阳毛尖

四、现代茶业

（一）现代茶事

中华人民共和国成立后，茶产业开始恢复；而“文化大革命”时期，茶产业衰退；改革开放以后，茶业再次崛起，如今正以蓬勃之势继续发展。

（二）茶叶种类

1．茶叶加工及分类

茶叶加工及分类见表1-9。

表1-9　茶叶加工分类

			鲜叶				75%~78%水分：10%~25%茶多酚（儿茶素类+收敛性/涩味），3%~5%生物碱（苦味），2%~7%氨基酸（鲜爽味，茶氨酸-焦糖香），0.005%~0.03%挥发物（青叶醇/醛）	
工艺	摊放	摊放	摊放	摊放	摊放	摊放	失水率25%~35%，膨胀/鲜绿/青气→晒青→萎蔫/暗绿/青臭→凉青→半膨胀/亮/略清香	
		萎凋	萎凋		萎凋			
			做青				减重率15%，萎蔫（软、无光泽）→半膨胀（渐挺、红边渐现）→汤匙状（叶缘垂卷、叶背翻成，三红七绿）	
	杀青		杀青	杀青		杀青	减重率8.2%，暗绿，叶软，略带茶香；高温杀青，先高后低；抛闷结合，多抛少闷；嫩叶老钉，老叶嫩杀	
	揉捻	揉捻	揉捻	揉捻		揉捻	成条率80%，嫩叶冷揉，老叶热揉；轻重交替，快慢结合；碎茶（早-大/长-快），扁条（早/大），弯条（未解块），松条（迟-小-短），不成条（早/快/未松压）	
						闷黄	黄绿光泽，青气消失茶香显露；黄酮类特质在湿热作用下非酶促氧化	
		发酵					闻香（青草-清香-清花香-花香-果香-熟香-渐淡-酸馊味），看色(青绿-黄绿-黄色-红黄-红色-紫红-暗红)；宁轻勿重，立即干燥；多酚类酶促氧化作用	
				渥堆			时间12~24h，一般约18h（普洱熟茶25~25d）；黄褐色，酒糟气辛辣气味，堆温40~43℃；湿热作用和微生物胞外酶促作用	
	干燥	干燥	干燥	干燥	干燥	干燥	6%~7%：分次干燥，中间摊凉；毛火快烘，足火漫烘；嫩叶薄摊，老叶厚摊	
特征	不发酵	完全发酵	部分发酵	后发酵茶	微分酵茶	轻度发酵		
	清汤绿叶	红汤红叶	绿叶红边金黄	黝黑褐黄	绿妆素裹	黄汤黄叶		
茶类	绿茶	红茶	青茶	黑茶	白茶	黄茶	以六大茶类为原料，经再加工而成，包括花茶、紧压茶、萃取茶等	可饮用的，非茶之茶
	晒青绿茶	小种红茶	闽南乌龙	湖南黑茶	白毫银针	黄芽茶		
	蒸青绿茶	功夫红茶	闽北乌龙	湖北黑茶	白牡丹	黄小茶		
	烘青绿茶	红碎茶	广东乌龙	四川黑茶	贡眉	黄大茶		
	炒青绿茶		台湾乌龙	滇桂黑茶	寿眉			
			六大茶类				再加工茶	代用茶
				中国茶叶				

2．中国十大名茶

中国茶叶历史悠久、种类繁多，可分为传统名茶和历史名茶，“十大名茶”常见说法很多，如表1-10所示。

表1-10　中国十大名茶

时间	评选单位	十大名茶
1915年	巴拿马万国博览会	碧螺春、信阳毛尖、西湖龙井、君山银针、黄山毛峰、武夷岩茶、祁门红茶、都匀毛尖（鱼钩茶）、铁观音、六安瓜片
1959年	中国“十大名茶”评比会	西湖龙井、洞庭碧螺春、黄山毛峰、庐山云雾茶、六安瓜片、君山银针、信阳毛尖、武夷岩茶、安溪铁观音、祁门红茶
1982年	全国名茶评选会	碧螺春、信阳毛尖、西湖龙井、君山银针、黄山毛峰、武夷岩茶、祁门红茶、都匀毛尖、铁观音、六安瓜片
1999年	《解放日报》	江苏碧螺春，浙江西湖龙井，安徽毛峰、六安瓜片，恩施玉露，福建铁观音、福建云茶、福建银针，云南普洱茶，江西云雾茶
2001年	美联社、《纽约日报》	黄山毛峰、洞庭碧螺春、蒙顶甘露、信阳毛尖、西湖龙井、都匀毛尖、庐山云雾、安徽瓜片、安溪铁观音、苏州茉莉花
2002年	《香港文汇报》	西湖龙井、江苏碧螺春、安徽毛峰、湖南君山银针、信阳毛尖、安徽祁门红、安徽瓜片、都匀毛尖、武夷岩茶、福建铁观音

【扩展阅读】1982年全国名茶评选会及都匀毛尖茶入榜

1982年6月9日—16日，由商业部茶叶畜产局组织的全国名茶评选会在湖南省长沙市召开。全国14个产茶省（区）提供的84个名茶样采取明码审评，经全国各地的50多位茶叶专家权威严谨的评鉴；评选出品质优异，具有独特风格，以及色、香、味俱佳的名茶30个，其中绿茶类22个、黄茶类2个、白茶类1个、花茶类2个、乌龙茶类3个。

（三）茶类品性

茶类品性见图1-6。

极凉	凉性					中性	温性		
苦丁茶	绿茶	黄茶	白茶	普洱生茶（新）	轻发酵乌龙茶	中发酵乌龙茶	重发酵乌龙茶	黑茶	红茶

图1-6　茶类品性

（四）茶叶保存

1．保存禁忌

忌潮湿，忌高温，忌阳光，忌氧气，忌异味。

2．家用保存

瓦坛贮茶法，铁罐贮茶法，塑料袋贮茶法，木炭贮茶法，真空充氮贮茶法，冰箱贮茶法，热水瓶贮茶法。

五、科学饮茶

（一）看人喝茶

体质是在遗传性和获得性基础上表现出来的人体形态结构、生理机能和心理因素等综合的、相对稳定的特征，不同体质及其适于茶类见表1-11。

表1-11　不同体质及其适于茶类

体质类型	体质特征和常见表现	喝茶建议
平和质	面色红润、精力充沛，正常体质	各类茶均可
气虚质	易感气不够用，声音低，易疲劳，易感冒	普洱熟茶、六堡茶、乌龙茶和富含氨基酸的茶，如安吉白茶、低咖啡因茶
阳虚质	阳气不足，畏寒，手脚发凉，易大便稀溏	红茶、黑茶、重发酵乌龙茶（岩茶）、六堡茶；少饮绿茶、黄茶，不饮苦丁茶
阴虚质	内热，不耐暑热，易口燥咽干，手脚心发热，眼睛干涩，大便干结	多饮绿茶、黄茶、白茶、苦丁茶，轻发酵乌龙茶，配枸杞子、菊花、决明子，慎喝红茶、黑茶、重发酵乌龙茶
血瘀质	面色偏暗，牙龈出血，易现瘀斑，眼睛红丝	多喝各类茶、可浓些；山楂茶、玫瑰花茶、红糖茶等，推荐茶多酚片
痰湿质	体形肥胖，腹部肥满松软，易出汗，面油，嗓子有痰，舌苔较厚	多喝各类茶，推荐茶多酚片，橘皮茶
湿热质	湿热内蕴，面部和鼻尖总是油光发亮，脸上易生粉刺，皮肤易瘙痒。常感到口苦、口臭	多饮绿茶、黄茶、白茶、苦丁茶、轻发酵乌龙茶，配枸杞子、菊花、决明子，慎喝红茶、黑茶、重发酵乌龙茶

续表

体质类型	体质特征和常见表现	喝茶建议
气郁质	体形偏瘦，多愁善感，感情脆弱，常感到乳房及两胁部胀痛	高氨基酸茶、低咖啡因茶，山楂茶、玫瑰花茶、菊花茶、佛手茶、金银花茶、山楂茶、葛根茶
特禀质	特异性体质，过敏体质常鼻塞、打喷嚏，易患哮喘，易对药物、食物、花粉、气味、季节过敏	低咖啡因茶、不喝浓茶

饮茶修身，体质是根本，饮茶饮健康；饮茶养性，若为正常或平和体质，可根据个人喜好（表1-12）、职业环境（表1-13）、季节（表1-14）、时间（表1-15）等选择中意的茶叶。

表1-12　不同饮茶人群喜好及喝茶建议

不同饮茶人群喜好	喝茶建议
初始饮茶者，或平日不常饮茶的人	高档名优绿茶和较注重香气的茶类，如西湖龙井、安吉白茶、黄山毛峰、清香铁观音、冻顶乌龙等
有饮茶习惯、嗜好清淡口味者	高档绿茶、白茶或地方名茶，如太平猴魁、湄潭玉芽、庐山云雾等
喜欢茶味浓醇者	炒青绿茶，乌龙茶中的福建铁观音，广东凤凰单丛，云南普洱茶等
有调饮习惯的人	红茶、普洱茶加糖或加牛奶

表1-13　不同职业环境人群及喝茶建议

适应人群	喝茶建议	推荐理由
电脑工作者	各种茶类、名优绿茶	抗辐射
脑力劳动者、飞行员、驾驶员、运动员、广播员、演员、歌唱家	各种茶类、名优绿茶	提高大脑灵敏程度，保持头脑清醒，精力充沛
运动量小、易于肥胖的职业	绿茶、普洱生茶、乌龙茶	去油腻、解肉毒、降血脂
经常接触有毒物质的人	绿茶、普洱茶	保健效果较佳
采矿工人、作X射线透视的医生、长时间看电视者和打印复印工作者	各种类茶，绿茶效果最好	抗辐射

表1-14　四季饮茶需分明

季节	喝茶建议	推荐理由
春季	花茶，或陈年铁观音、普洱熟茶	散发冬天积在人体内的寒邪，浓郁的茶香能促进人体阳气生发
夏季	绿茶，或白茶、黄茶、苦丁茶、轻发酵乌龙茶、生普洱	清暑解热，止渴强心
秋季	乌龙或红、绿茶混用，或绿茶、花茶混用	解燥热，恢复津液
冬季	红茶，或熟普洱、重发酵乌龙茶	暖脾胃，滋补身体

表1-15　一日饮茶有差异

时间	喝茶建议	推荐理由
早餐之后	绿茶	提神醒脑，抗辐射，上班一族最适用
午餐饱腹	乌龙茶	消食去腻、清新口气、提神醒脑，以便继续全身心投入工作
午后	红茶	调理脾胃，若此时感觉有些空腹，可吃一些零食进行补充
晚餐之后	黑茶	消食去腻的同时还能舒缓神经，令身体放松，为进入睡眠做准备

若品饮某茶叶后，出现以下不适症状：肠胃不舒服，出现腹（胃）痛、大便稀释等；头晕或失眠，手脚乏力等。则说明不适宜此茶叶，应少喝或不喝，更换其他类型茶叶。

（二）看茶喝茶

“茶(chá)，味苦(wèi kǔ)，甘(gān)，微寒(wēi hán)，无毒(wú dú)，归经(guī jīng)，入心(rù xīn)、肝(gān)、脾(pí)、肺(fèi)、肾脏(shèn zàng)。阴中之阳(yīn zhōng zhī yáng)，可升可降(kě shēng kě jiàng)。”（明·李时珍《本草纲目》）

六大茶类本身有寒凉和温和之分。绿茶属于不发酵茶，富含叶绿素、维生素C，性凉而微寒。白茶属于微发酵茶，性微凉而平缓，“绿茶的陈茶是草，白茶的陈茶是宝。”陈放的白茶有祛邪扶正的功效。黄茶属于部分发酵茶，性寒凉。青茶属于半发酵茶，性平，不寒亦不热，属中性茶。红茶属全发酵茶，性温。黑茶属于后发酵茶，茶性温和，滋味醇厚回甘，刺激性不强。

（三）饮茶贴士

表1-16　饮茶贴士

事项	原因	建议
忌空腹饮茶	抑制胃液分泌，妨碍消化，出现“茶醉”现象	口含糖果或喝糖水可缓解
睡前少饮茶	精神兴奋，可能影响睡眠，甚至失眠	
忌饮隔夜茶	茶汤放置时间过久，茶汤中的蛋白质、糖类等物质会发生化学变化，导致茶汤变质	
忌饮过浓茶	咖啡因和茶叶碱等物质浓度大，对神经系统刺激强，易促进心脏机能亢进，引起神经功能失调	
忌饭前后饮茶	茶多酚与铁质、蛋白质等发生络合反应，影响吸收	饭后一个小时饮茶最佳
慎用茶水服药	服用金属类药物、酶制剂药等，其中离子易与茶多酚发生作用而产生沉淀，降低药效，甚至会产生副作用	维生素类的药物，则无影响

第四节　用　水

“器为茶之父，水为茶之母。”

一、历代鉴水

（一）唐前

cháo yǐn mù lán zhī zhuì lù xī　xī cān qiū jú zhī luò yīng
“朝饮木兰之坠露兮，夕餐秋菊之落英。”（战国·屈原《离骚》）

péng lái shān bīng shuǐ　yǐn zhě qiān suì yě
“蓬莱山冰水，饮者千岁也。”（晋·秦王嘉《拾遗记》）

（二）唐代

qí shuǐ　yòng shān shuǐ shàng　jiāng shuǐ zhōng　jǐng shuǐ xià
“其水，用山水上，江水中，井水下。”（唐·陆羽《茶经》）

cǐ èr shí shuǐ　yú cháng shì zhī　fēi xì chá zhī jīng cū　guò cǐ bù zhī zhī yě　fū chá pēng yú suǒ chǎn chù　wú
“此二十水，余尝试之，非系茶之精粗，过此不之知也。夫茶烹于所产处，无

不佳也，盖水土之宜。”（唐·张又新《煎茶水记》）

“较水之与茶宜者凡七等：扬子江南零水，第一；无锡惠山寺石水，第二；苏州虎丘寺石水，第三；丹阳县观音寺水，第四；扬州大明寺水，第五；吴松江水，第六；淮水最下，第七。”（唐·刘伯刍）

（三）宋代

“水泉不甘，能损茶味。”（宋·蔡襄《茶录》）

“水以清轻甘洁为美。”（宋·赵佶《大观茶论》）

“水甘茶串香。”（宋·王安石《送张宣义之官越》）

“山水，乳泉、石池漫流者上。瀑涌湍漱勿食，食久，令人有颈疾。江水取去人远者，井取汲多者。”（宋·欧阳修《大明水记》）

“水不问江井，要之贵活。”（宋·唐庚《斗茶记》）

“蟹眼已过鱼眼生，飕飕欲作松风鸣。蒙茸出磨细珠落，眩转绕瓯飞雪轻。银瓶泻汤夸第二，未识古人煎水意。”（北宋·苏轼《试院煎茶》）

“活水还须活火烹，自临钓石取深清。大瓢贮月归春瓮，小勺分江入夜瓶。”（宋·苏东坡《汲江水煎茶》）

“踏遍江南南岸山，逢山未免更流连。独携天上小团月，来试人间第二泉。”（宋·苏轼《惠山谒钱道人烹小龙团登绝顶望太湖》）

“汲取满瓶牛乳白，分流触石佩声长。囊中日铸传天下，不是名泉不合尝。”（宋·陆游《三游洞前岩下小潭水甚奇取以煎茶》）

（四）元代

“建郡深瓯吴地远，金山佳水楚江赊。”（元·耶律楚材《西域从王君玉乞茶因其韵》）

（五）明代

“精茗蕴香，借水而发，无水不可以论茶也。”（明·许次纾《茶疏》）

“水性忌木，松杉为甚，木桶贮水，其害滋甚，挈瓶为佳耳。”（明·许次纾《茶疏》）

“山顶泉清而轻，山下泉清而重，石中泉清而甘，砂中泉清而洌，土中泉淡而白。流于黄石为佳，泻出青石无用。流动者愈于安静，负阴者胜于向阳。真源无味，真水无香。”（明·张源《茶录》）

“茶性必发于水，八分之茶遇十分之水，茶亦十分矣；十分之茶遇八分之水，茶只八分耳。”（明·张大复《梅花草堂笔谈》）

“茶者水之神，水者茶之体，非真水莫显其神，非精茶曷见其体。”（明·张源《茶录》）

“源泉：积阴之气为水；水本曰源，源曰泉。

清寒：清，朗也，静也，澄水之貌；寒，洌也，冻也，覆冰之貌。泉不难于清，而难于寒。

甘香：甘，美也，香，芳也。味美者曰甘泉，气芳者曰香泉，所在间有之。

灵水：灵，神也；天一生水，而精明不淆。

异泉：异，奇也，水出地中，与常不同，皆异泉也，亦仙饮也。

江水：江，公也，众水共入其中也，水共则味杂。

井水：井，清也，泉之清洁者也。”（明·田艺蘅《煮泉小品》）

“烹茶水之功居六，无泉则用天水，秋雨为上，梅雨次之。”（明·熊明遇《罗岕茶疏》）

“大瓮满贮，投伏龙肝一块，即灶中心干土也，乘热投之。贮水瓮预置于阴庭，覆以纱帛，使昼挹天光，夜承星路，则英华不散，灵气常存。假令压以木石，封以纸箬，暴于日中，则内闭其气，外耗其精，水神敝矣，水味败矣。”（明·罗廪《茶解》）

“嫩汤自候鱼眼生，新茗还夸翠展旗。”（明·文徵明《煎茶》）

（六）清代

“绝胜江心水，飞花注满瓯。纤芽排夜试，古瓮隔年留。”（清·吴我鸥《雪水

煎茶》）

“泉不香、水不甘，爨（炊）之、扬之，若淤若滓。”（清·叶清臣《述煮茶小品》）

二、生活用水

表1-17　生活用水

指标	要点
感官	色度≤15°，浑浊度≤1NTU，无异臭、异味，无肉眼可见物
化学	pH为6.5~8.5，总硬度≤25°，铝≤0.2mg/L，铁≤0.3mg/L，锰≤0.1mg/L，铜≤1.0mg/L，锌≤1.0mg/L，阴离子合成洗涤剂≤0.3mg/L，挥发酚类≤0.002mg/L，氯化物≤250mg/L，硫酸盐≤250mg/L，碳酸钙含量≤450mg/L，溶解性总固体≤1000mg/L，高锰酸盐指数（以O_2计）3.0≤mg/L，氨（以N计）≤0.5mg/L
毒理学	氟化物≤1.0mg/L，适宜浓度0.5~1.0mg/L，氰化物≤0.05mg/L，铅≤0.05mg/L，砷≤0.04mg/L，镉≤0.01mg/L，铬（六价）≤0.5mg/L，汞≤0.001mg/L，银≤0.05mg/L，硒≤0.01mg/L，硝酸盐≤20mg/L，三氯甲烷≤0.06mg/L，一氯二溴甲烷≤0.1mg/L，二氯一溴甲烷≤0.06mg/L，三溴甲烷≤0.1mg/L，三卤甲烷总和≤1mg/L，二氯乙酸≤0.05mg/L三氯乙酸≤0.1mg/L，溴酸盐≤0.01mg/L，亚氯酸盐≤0.7mg/L，氯酸盐≤0.7mg/L
微生物	菌落总数≤100CFU/mL，总大肠菌群、大肠埃希氏菌不得检出
放射性	总α放射性≤0.1Bq/L；总β放射性≤1Bq/L*

注：Bq为放射性活度单位贝克勒尔。

三、泡茶用水

表1-18　泡茶用水

指标	要点
金属离子含量	Fe^{2+}≥0.1mg/L，汤色变暗，滋味变淡 Fe^{3+}≥0.1mg/L，品质明显下降；含量越高，汤色越差*
	铝≥0.2mg/L，苦味明显，滋味变淡
	钙≥2mg/L，涩味明显；≥4mg/L，滋味变苦
	镁含量为2mg/L，汤色变浅，滋味变淡

续表

指标	要点
金属离子含量	锰≥0.1mg/L，苦味；含量越高苦味越明显
	铬≥0.1mg/L，苦涩味；含量越高苦涩味越明显
	镍≥0.1mg/L，酸味
	银≥0.3mg/L，金属味
	锌≥0.2mg/L，异味
硬度	软水（0~10°）泡茶，茶叶有效成分的溶解度高，茶汤的色、香、味三者俱佳； 硬水（≥10°）泡茶，茶汤变色，香、味也大减
pH	pH>5，茶汤颜色加深、变暗；pH>7，茶黄素自动氧化而损失，产生苦涩味，绿茶汤变深，红茶茶汤变暗，白茶汤色发灰等

注：Fe^{3+}较Fe^{2+}对茶汤的影响更大。

第五节　器　具

一、茶具演变

汉代以前（食具）→东汉（单个茶具）→唐代（配套齐全）→宋代（形制精）→元代（过渡）→明代和清代（简化）→现代（多样）。

（一）唐前茶具（雏形）

（1）最早的茶具　与食具、酒具共用（缶，陶→瓷器）。

（2）专用茶具　至迟始于汉代，单个茶具。

（3）最早谈及饮茶器具　“烹荼尽具（pēng tú jìn jù），已而盖藏（yǐ ér gài cáng）。”（西汉·王褒《僮约》）

（二）唐代茶具（成型）

（1）唐代茶具特点　配套齐全，形制完备。

（2）唐代茶具种类　唐代贮茶、炙茶、煮茶、饮茶器一共有29种，即风炉、都篮、灰承、炭挝、畚、漉水囊、火筴、笞、交床、涤方、複、筴、碾、拂末、罗合、则、竹筴、纸囊、水方、瓢、熟盂、鹾簋、碗、札、滓方、巾、具列、釜、揭。

（3）唐代宫廷茶具　唐代宫廷茶具一共有15种，即鎏金鸿雁流云纹银茶碾子、鎏金飞仙鹤纹壶门座银茶罗子、鎏金双狮纹菱弧形圈足银盒、鎏金双凤衔绶圈足银方盒、蕾纽摩羯纹三足架银盐台、鎏金镂空飞鸿毬路纹银笼子、金银丝结条笼子、鎏金团花纹银锅轴、银质鎏金飞鸿纹银茶则、鎏金龟形茶粉盒、鎏金人物画银坛子、鎏金流云纹长柄银匙、系链银火箸、琉璃茶托及碗、秘色瓷大茶碗。

（三）宋代茶具（精致）

1．宋代茶具特点

宋代茶具讲究法度，形制更精致，尚金银茶具，以陶瓷质地为主。

2．唐宋茶具对比

（1）品茶器具　唐尚青瓷茶碗，宋尚建窑黑釉盏。

（2）煮水器具　唐为敞口鍑，宋用茶瓶。

（3）碾茶用具　唐木或石质的，宋用金属。

3．宋代“十二先生”茶具

宋代“十二先生”茶具即十二件点茶用具，按宋时官制冠以职称，赐以名、字、号。包括韦鸿胪、木待制、金法曹、石转运、胡员外、罗枢密、宗从事、漆雕秘阁、陶宝文、汤提点、竺副帅、司职方。

4．宋代五大名窑

宋代五大名窑即官窑、哥窑、汝窑、定窑、钧窑。

（四）元代茶具（过渡）

（1）元代部分点茶使用的茶具消失　茶壶流嘴由茶壶肩部转变为茶壶腹部。

（2）元代一些散茶茶具成熟　景德镇青花瓷制作工艺进入成熟时期。

（五）明代茶具（简化）

1．明代茶具特点

明代茶具尚白瓷和紫砂，出现茶洗、小茶壶等；种类趋简单，常见有贮茶罐、壶、碗、盏、杯。

2．茶具的创新和发展

（1）贮茶器具　茶焙、茶笼、纸囊和锡瓶。

（2）洗茶器具　茶洗，始于明代。

（3）饮茶用具　一是小茶壶，二是茶盏加盖托。

（4）烧水器具　主要有炉、汤瓶、铜炉和竹炉。

3．著名茶具

明代著名茶具包括江西景德镇白瓷和青花瓷，江苏宜兴紫砂壶。紫砂壶，由一种特殊陶土——紫金泥经1150℃高温烧制而成；其烧结密致，胎质细腻，保持2%吸水率和2%气孔率。紫砂壶名匠辈出，如大彬、徐友泉、李仲芳、欧阳春、惠孟臣等制壶妙手，各具特色。

4．茶具十六事

茶具十六事即受污、商象、归洁、分盈、递火、降红、执权、团风、漉尘、静沸、注春、运锋、甘钝、啜香、撩云、纳敬。

（六）清代茶具（再简）

（1）盖碗　由碗、盖、托三部分组成。

（2）彩绘瓷茶　创制新珐琅彩、粉彩等品种。

（3）景瓷宜陶　清中叶至清末是柴砂壶与书法、绘画、诗词、篆刻结合的时期。代表人物是陈鸣远、陈曼生、邵大亨等。

（4）新型茶具　脱胎漆茶具（福建）、竹编茶具（四川）、植物茶具（海南）开始出现。

（七）现代茶具（多样）

1．现代茶具特点

现代茶具种类和品种繁多，质地和形状多样，讲究茶具的相互配置和组合，将艺术美和沏茶功能统一。

2．茶具种类

（1）按用途分　贮茶具、烧水茶具、沏茶具、辅助茶具。

（2）按质地分　金属、瓷器、紫砂、陶质、玻璃、竹木、漆器、纸质、生物茶具。

二、茶具种类

（一）陶土茶具

陶土茶具为新石器时代的重要发明，最初是粗糙的土陶，逐渐演变成比较坚实的硬陶和彩釉陶。

（1）发展　土陶→硬陶→彩釉陶。

（2）质地　粗糙→坚实→多彩、细腻。

（3）特点　陶工茶具具有一定的保温性，透气性中等，光洁易清洗，尤其是造型独特的紫砂壶——宜兴紫砂茶具，保温、透气、蓄香极佳，但也容易藏污纳垢。

（4）种类　紫砂茶具、陶质茶具。

（5）紫砂茶具的特点　具有一定的保温性，透气性好，传热缓慢，不烫手；泡茶色香味佳，盛暑不易馊。

（二）瓷器茶具

瓷器的发明和使用稍迟于陶器，具有保温性、透气性中等、光洁易清洗等特点。常见瓷器茶具有白瓷、青瓷和黑瓷。

1. 白瓷茶具

彩瓷茶具：造型精巧、色彩淡雅、滋润明亮。

广彩茶具：造型精美、色彩丰富，雍容华贵。

2. 青瓷茶具

青瓷茶具始于晋代，盛于宋代，今主产于浙江。

哥窑：釉层丰盈，色彩绚丽，润泽如酥，雅丽大方，被后代茶人誉为“瓷器之花”。

弟窑：釉层丰润，釉色青碧，光泽柔和，晶莹滋润。

3. 黑瓷茶具

zhǎn sè guì qīng hēi yù háo tiáo dá zhě wéi shàng qǔ qí huàn fā chá cǎi sè yě

“盏色贵青黑，玉毫条达者为上，取其焕发茶彩色也。”（宋·赵佶《大观茶论》）

宋代黑瓷盛行，以建安窑（今福建南平市建阳区）所产的最为著名，尤其是兔毫盏。

（三）漆器茶具

漆器茶具始于清代，今主要产地为福建福州，又称“双福”茶具。福州产的漆器茶具造型巧妙，色彩绚丽，品种繁多，有“仿古瓷”“金丝玛瑙”“釉变金丝”“宝砂闪光”“赤金砂”等。

（四）金属茶具

金属茶具具有散热性强的特点，茶艺中不提倡使用，历代主要用于宫廷茶宴。

（五）竹木茶具

竹木茶具具有保温、不导热、散热慢、不烫手等特点，纹理天然，质地朴素，观赏性强。常见竹木茶具有茶荷、茶盘、茶则、茶针、茶道具、茶叶罐等。

（六）玻璃茶具

玻璃茶具具有透明直观，质地晶莹剔透，导热性好，光洁易清洗等特点。

（七）石器茶具

石器茶具由玉石、水晶、玛瑙以及各种珍稀原料制作而成，多用于观赏和收藏。

三、主要器具

（一）茶船

茶船（图1-7）又名茶盘，即浅底器皿，用于盛放茶壶、茶杯、茶道组、茶宠和茶食等，作为蓄水容器，防止茶水溅出等。茶船由盏托演变而来，始于南朝，唐代逐渐增多，常见材质有实木、根雕、竹材、石材、金属等。

“始建中，蜀相崔宁之女以茶盅无衬，病其烫指，取子承之。既啜而盅倾，乃以腊环子之央，其盅遂定。即命匠以漆环代蜡，进于蜀相。蜀相奇之，为制名而话于宾亲，人人为便，用于代。而后，传者更环其底，愈新其制，以致百状焉。”（唐·李匡义《资暇录》）

图1-7　茶船

（二）茶壶

茶壶是一种带嘴器皿，由壶盖、壶身、壶底、圈足四部分组成，用于泡茶或斟茶。一般由紫砂、陶、瓷、玻璃等制成，如图1-8所示。

图1-8　茶壶

（三）茶杯

茶杯（图1-9），即盛茶用具，尺寸有大、小两种。小杯为品茗杯，配合闻香杯使用；大杯也可作泡茶或盛茶用具，主要用于品饮名优茶，一般由竹、木、陶瓷、金属等制成。

图1-9　茶杯

（四）盖碗

盖碗（图1-10）又称“三才碗”，即盖为天、托为地、碗为人，一般由陶、瓷、玻璃等制成。盖碗可作冲泡器具也可用于独自酌饮。

图1-10　盖碗

（五）煮水壶

煮水壶（图1-11）由烧水壶和热源两部分组成。烧水壶一般为玻璃或陶瓷制品，规格容量一般为800mL；热源可用电炉、酒精炉、炭炉等。现代茶艺表演常用电水壶，也称为随手泡，方便快捷。

图1-11　煮水壶

（六）公道杯

公道杯（图1-12），也称“茶海”或“茶盅”，用于盛放茶汤，以均匀茶汤浓度。一般由紫砂、陶、瓷、玻璃等制成。

（1）玻璃制公道杯

（2）陶瓷制公道杯

图1-12　公道杯

（七）茶荷

茶荷（图1-13）又称茶则，用于盛茶，以方便观看干茶样或置茶。由竹、木、陶、玻璃等制成，规格一般为6.5~12cm，可盛3~5g茶。

图1-13　茶荷

四、辅助器具

辅助器具指泡茶、饮茶时所需的各种器具，用于增加美感，方便操作。

（一）桌布

桌布指铺在桌面并向四周下垂的饰物，可用各种纤维织物制成。

（二）茶道六君子

chá wéi xī nán bìng méng sú jì èr lǐ hé rén zhé qí fēng jiǎo jiǎo liù jūn zǐ
“茶为西南病，甿俗记二李。何人折其峰，矫矫六君子。”（宋·苏东坡《送周朝议守汉川诗》）

茶道六君子（图1-14）即茶筒、茶匙、茶则、茶针、茶夹、茶漏。

图1-14　茶道六君子（茶筒、茶匙、茶则、茶针、茶夹、茶漏）

（三）茶巾

茶巾（图1-15）由棉、麻等制成，用于擦拭泡茶、分茶时溅出的水滴，吸取杯底、壶底的残水。

图1-15　茶巾

（四）茶巾盘

茶巾盘（图1-16）由竹、木、金属、搪瓷等制成，用于放置茶巾。

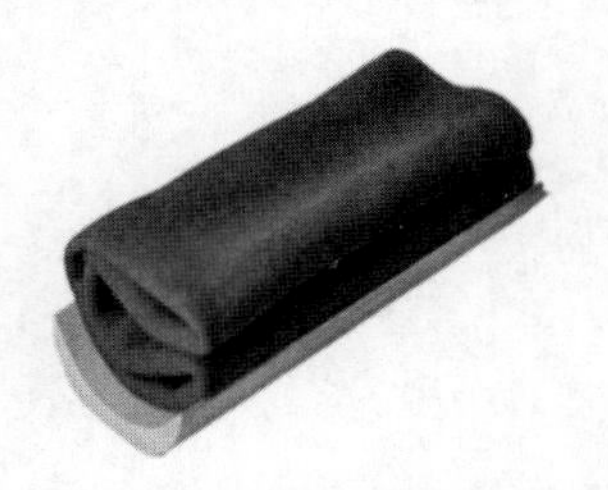

图1-16　茶巾盘

（五）奉茶盘

奉茶盘（图1-17）用于盛放茶碗、品茗杯、茶壶、茶食等，常由竹木制成。

图1-17　奉茶盘

（六）水盂

水盂（图1-18）用于盛放使用过的品茗杯，废水或茶渣等。

图1-18　水盂

（七）杯托

杯托（图1-19）即垫底器具，用于盛放茶杯、茶碗，一般由竹、木、陶瓷、金属等制成，用杯托将茶水恭敬地端送给品茶者，显得洁净而高雅。

（1）陶瓷杯托

（2）竹制杯托

图1-19　杯托

（八）茶样罐

茶样罐（图1-20）用于盛放茶样，由陶、木、金属等制成，体积小，可盛30~50g干茶。

图1-20　茶样罐

（九）净水器

净水器安装于取水口，根据用水量和水质要求选择净水器，配备一只至数只。

（十）贮水器

贮水器用于贮放水，起澄清和挥发氯气作用。

（十一）玻璃杯

玻璃杯（图1-21）便于充分展现汤色和观察茶芽沉浮、舒展、舞动的情景，口径6~7cm，高度15~16cm。

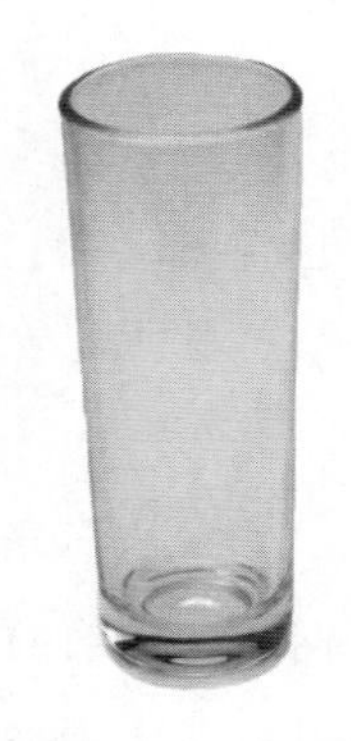
图1-21　玻璃杯

五、茶具搭配

茶具搭配主要是以色泽上的搭配为主。

（一）茶具的色泽

茶具的色泽指其材质的颜色或装饰图案花纹的颜色。其中，冷色调包括蓝、绿、青、白、灰、黑等色。暖色调包括黄、橙、红、棕等色。

（二）茶具与茶类色泽搭配

茶具与茶类色泽搭配见表1-19。

表1-19　茶具与茶类色泽搭配

茶类	等级/类型	茶具	色调
绿茶	名优茶	玻璃杯、白瓷、青瓷、青花瓷无盖杯	冷色
	大宗茶	玻璃杯、青瓷、青花瓷	
红茶	条红茶	紫砂、白瓷、白底红花瓷、红釉瓷	暖色
	红碎茶	紫砂、暖色瓷	
乌龙茶	轻发酵及重发酵类	白瓷及白底花瓷	冷色
	半发酵及轻、重焙火类	朱泥或灰褐系列炻器壶	
	半发酵及重焙火类	紫砂壶杯具	
黑茶	后发酵类	紫砂、白瓷、白底红花瓷、红釉瓷	暖色
花茶	茉莉花茶	玻璃杯、青瓷、青花瓷等盖碗	冷色
	玫瑰红茶	玻璃杯、斗彩、五彩盖碗等	暖色

（三）茶具组合的艺术

茶具组合的艺术有以下三个要求。

1．赏心悦目

赏心悦目体现在许多方面，如茶具的质地、大小、形状，茶具色彩的丰富、对比、和谐、照应，还有茶具摆放的排列方式，茶器具与环境、服饰的和谐、照应等。

2．符合主题

符合主题就是依据茶道类型、时代、民俗、茶类等不同而有不同的配置。

3．茶具与周围器具的艺术处理

茶具与周围器具的艺术处理主要体现在视觉效果与艺术氛围的表达上。如颜色要有相适宜的对比与调和，要尽量做到整体协调一致，层次上有变化与对比。

（四）茶具的形式和排列

（1）一般需考虑对称、协调，以中轴线为中心，两侧均衡摆设，在整体上排列要有平衡感，符合传统审美观念。

（2）在艺术处理上主要体现在对茶器具的质感、造型、色调、空间的选择与布置，增加观赏价值，丰富表演的形式。

（五）茶具的功能协调

茶壶大小、茶盘大小与茶杯、茶托、茶盏的功能协调，贮茶罐口的大小、形式与茶匙形状、取茶方式的功能协调等。

第六节　茶　文　化

茶者，南方之嘉木也。一尺、二尺乃至数十尺。其巴山峡川，有两人合抱者，伐而掇之。其树如瓜芦，叶如栀子，花如白蔷薇，实如栟榈，蒂如丁香，根如胡桃。瓜芦木出广州，似茶，至苦涩。栟榈，蒲葵之属，其子似茶。胡桃与茶，根皆下孕；兆至瓦砾，苗木上抽。（唐·陆羽《茶经》）

“其字，或从草，或从木，或草木并”。从草，当作“茶”，其字出《开元文字音义》；从木，当作“搽”，其字出《本草》；草木并，作“茶”，其字出《尔雅》。

“其名，一曰茶，二曰槚，三曰蔎，四曰茗，五曰荈。”周公云：“槚，苦茶。”扬执戟云：“蜀西南人谓茶曰槚。”郭弘农云：“早取为茶，晚取为茗，或一曰荈耳。”

一、茶树起源

中国是茶树的起源地，茶从发现和利用至今，已有5000多年的历史，于3000多年前便出现人工栽培茶树。

“武阳（wǔ yáng）买荼（mǎi tú），烹荼（pēng tú）尽具（jìn jù）”（西汉·王褒《僮约》）；“柑叶茶（gān yè chá），树高丈余（shù gāo zhàng yú），径七八（jìng qī bā）寸（cùn）”（宋·宋子安《东溪试茶录》）。

植物学家林奈1753年把茶的学名定为“Thea sinensis”，拉丁学名*Camellia sinensis*（L.）O.Kuntze，其中“sinensis”，即“中国”之意。

茶树起源于中国的证据：

中国西南部野生茶树数量和种内变异最多，尤其是贵州、四川、云南，如贵州省黔西南州晴隆县云头山，发现一个迄今为止世界上发现的最古老（距今一百多万年）的古茶籽化石（图1-22）。

图1-22　古茶籽化石

二、茶字起源

“茶”字，或从草，或从木，或草木并。史料中，茶的名称常见如下：

（1）“荈诧（chuǎn chà）”（西汉·司马相如《凡将篇》）。

（2）“蔎（shè）”（西汉·扬雄《方言》）。

（3）“荼草（tú cǎo）”或“选（xuǎn）”。

（4）“瓜芦木（guā lú mù）”（东汉《桐君录》）。

（5）“荈”（南朝·山谦之《吴兴记》）。

（6）“皋芦”（东晋·裴渊《广州记》）。

（7）“荼”（《诗经》）。

其中，用得最多、最广泛的是“荼”，后衍生出“茶”，“其名，一曰茶，二曰槚，三曰蔎，四曰茗，五曰荈”。（唐·陆羽《茶经》）到了中唐，茶字的音、形、义已趋于统一，并一直沿用至今。

三、茶叶传播

1. 国内的传播

西汉：武帝派张骞出使西域，开通了丝绸之路、茶马交易。

唐代：文成公主随带茶叶和茶种出嫁吐蕃。

宋代：西藏地区饮茶大兴。

现代：“茶马古道”。

2. 国外的传播

茶叶在国外的传播见表1-20。

表1-20　茶叶在国外的传播

时间	国家	人物	内容
805年	日本	最澄大师	蒸青绿茶技术
1811年	日本	荣西	锅炒茶制法
1828—1833年	印度尼西亚	杰哥逊	茶叶产制技术及其技术工人、器具
1834年	印度	哥登	茶叶产制技术及其技术工人、购入茶籽及茶苗
1835年	日本	宇治山本氏	“玉露茶”的制法
1836年	印度	哥登氏	茶叶产制技术工人，发展为“阿萨姆红茶”
1866年	斯里兰卡	特罗氏	武夷岩茶制法
1877—1887年	南非、东非洲		茶叶生产技术
1893年	俄国、格鲁吉亚	索洛沃佐夫	种茶技术，并研制出“刘茶”

续表

时间	国家	人物	内容
1898年	日本		红茶、绿砖茶的制作技术
1926年	日本		珠茶的制法技术
1949年	英国		技术转移投资于肯尼亚等

四、茶区

（一）茶区分布

茶区分布见表1-21。

表1-21 茶区分布

时间	地区	产地
唐代以前		重庆彭水、武隆、陕西汉中、安康，四川丹棱、洪雅、彭山、眉山、邛崃，湖北鄂西、长阳、五峰、黄冈、鄂州、宜昌黄牛峡、枝城，湖南武陵山脉、沅陵、辰溪、溆浦、茶陵、巴东，重庆奉节，江苏常州、宜兴，江苏淮安，安徽庐江、六安，浙江长兴、永嘉雁荡山，贵州大方
唐代	山南	湖北宜昌、襄阳、江陵，湖南衡阳，陕西安康、汉中
	淮南	河南潢川、光山，安徽怀宁、寿县，湖北蕲春、黄冈、新州，河南信阳
	浙西	浙江吴兴、杭州、建德，江苏武进、镇江、吴县，安徽宣城、歙县
	剑南	四川彭县、绵阳、成都、邛崃、雅安、泸州、眉山、广汉，重庆
	浙东	浙江绍兴、宁波、金华、临海
	黔中	贵州务川、遵义、思南、凤岗、石阡
	江西	湖北武汉，江西宜春、吉安
	岭南	福建福州、闽侯、建瓯、建阳，广东曲江、韶关，广西象州
宋代	江南路	长江以南的江西省及安徽省大部分地区，以及江苏茅山以西
	淮南路	南至长江，东至海，西至今湖北武汉黄陂区、河南光山
	荆湖路	湖南长沙和湖北江陵
	两浙路	浙江、上海及江苏南部
	福建路	福建

续表

时间	地区	产地
元朝	江西行中书省	江西
	湖广行中书省	湖南、湖北、广东、广西、贵州、重庆、四川南部
明代	江西行中书省	江西
	湖广行中书省	湖南、湖北、广东、广西、贵州、重庆、四川南部
清朝	砖茶生产中心	湖北蒲圻、咸宁，湖南临湘、岳阳
	乌龙茶生产中心	福建安溪、建瓯、崇安
	红茶生产中心	湖南安化，安徽祁门、旌德，江西武宁、修水、景德浮梁
	绿茶生产中心	江西婺源、德兴，浙江杭州、绍兴，江苏苏州虎丘、太湖洞庭山
	边茶生产中心	四川雅安、天全、名山、荥经、都江堰、大邑、什邡、绵阳安州区、平武、汶川
	珠兰花茶生产中心	广东罗定、泗纶
现代	江北	甘、陕、豫南部、鄂、皖、苏北部、鲁东南部
	华南	闽、粤中南部、桂、滇南部、琼、台
	西南	黔、滇、渝、滇中北部、藏东南部
	江南	粤、桂北部、闽中北部、皖、赣、鄂南部、湘、赣、浙

（二）我国四大茶区

我国四大茶区见表1-22。

表1-22　四大茶区

茶区	分布范围	气候	土壤	主要产茶品种
华南茶区	闽、粤中南部、桂、滇南部、琼、台	热带季风气候和南亚热带季风气候，≥20℃	多为赤红壤，部分为黄壤	红茶、普洱茶六堡茶、绿茶、乌龙茶
西南茶区	黔、滇、渝、滇中北部、藏东南部	亚热带季风气候 14~18℃	滇中北多为赤红壤、山地红壤和棕壤，川、黔及藏东南则以黄壤为主	绿茶、普洱茶、边销茶、花茶、红茶
江南茶区	粤、桂北部、闽中北部、皖、赣、鄂南部、湘、赣、浙	中亚热带季风气候、南亚热带季风气候，≥15.5℃	多为红壤，部分为黄壤	绿茶、红茶、乌龙茶、白茶、黑茶
江北茶区	甘、陕、豫南部、鄂、皖、苏北部、鲁东南部	北亚热带和温暖带季风气候 ≥15℃	多为黄棕土，部分为棕壤	绿茶

（三）世界茶区

世界茶区见表1-23。

表1-23　世界茶区

茶区		分布国家或地区	气候	名茶
东亚茶区	中国	闽、粤中南部、桂、滇南部、琼、台、黔、滇、渝、滇中北部、藏东南部、粤、桂北部、闽中北部、皖、赣、鄂南部、湘、赣、浙、甘、陕、豫南部、鄂、皖、苏北部、鲁东南部	热带季风气候、亚热带季风气候、中亚热带季风气候、南亚热带季风气候、北亚热带季风气候、温暖带季风气候	西湖龙井、信阳毛尖、竹叶青、安吉白茶、汉中仙毫、洞庭碧螺春、崂山绿茶祁门红茶、滇红茶、正山小种、霍山黄芽、蒙顶黄芽、白毫银针、白牡丹、安化黑茶、老班章
	日本	静冈、琦玉、宫崎、鹿儿岛等	温带海洋性季风气候	抹茶、煎茶、番茶、蒸青、粉茶、焙茶、玄米茶
南亚茶区	印度	阿萨姆茶区、西孟加拉茶区、南部茶区	热带季风气候	大吉岭红茶
	斯里兰卡	多集中在中部山区，如康提等	热带气候	锡兰红茶
	孟加拉国	锡尔赫特、吉大港县等	亚热带季风型气候	七层茶
东南亚茶区	印度尼西亚	爪哇岛等	热带雨林气候	爪哇红茶
	越南	北部、中部、南部	热带季风气候	谭冲绿茶
	马来西亚	金马伦高原	热带雨林气候	独树香
西亚和欧洲茶区	高加索地区	格鲁吉亚、阿塞拜疆、俄罗斯克拉斯诺达尔	亚热带海洋性气候、干燥型气候、温带大陆性气候	刘茶、连科兰茶
	土耳其	里泽、阿尔特温、特拉布宗	亚热带地中海气候	土耳其红茶
	伊朗	吉兰省、马赞达兰省	亚热带地中海气候	伊朗红茶
东非茶区	肯尼亚	凯里乔等	热带草原气候	红茶
	马拉维	松巴、姆兰杰、布兰太尔等	热带草原气候	红茶
	乌干达	西部及西南部，如穆本德、马萨卡等	热带草原气候	薄荷味绿茶、姜味红茶

续表

茶区		分布国家或地区	气候	名茶
东非茶区	坦桑尼亚	维多利亚湖沿岸、布科巴	热带草原气候	红茶
	莫桑比克	西北部山区	热带草原气候、热带季风气候、热带稀树草原气候	红茶
中南美茶区	阿根廷、巴西、秘鲁、厄瓜多尔、墨西哥、哥伦比亚		热带湿润气候	马黛茶

五、茶事

茶事见表1-24。

表1-24 茶事

朝代	茶事	备注
神农时代	神农尝百草	"神农尝百草，日遇七十毒，得茶解之。"（传为《神农本草经》记载）
西汉	烹茶尽具、武阳买茶（王褒）	茶作为商品交易最早记录
晋朝	以茶代酒（陈寿）	孙浩对韦曜"密赐茶荈"以代酒（《三国志》）
南朝	乌程贡茶（山谦之）	最早提到产御茶地
隋朝	文帝煮茗饮	茶从药用到饮用
唐朝	奶茶和酥油茶的由来	始于文成公主。远赴西域和亲，饮食不宜，改良西藏奶茶为酥油茶
	陆羽煎茶	陆羽向师傅积公"煎茶献师"
	顾渚紫笋	顾渚山建贡茶院，督造饼茶"顾渚紫笋"
	茶税之始	纳赵赞议，征天下茶税，十取其一
	茶神"陆羽"	《茶经》对茶叶发展有深远影响
	最澄携茶籽回国	茶种传入日本的最早记载
	榷茶	王涯为榷茶使，对茶进行专营专卖
	宫廷茶具	我国早期专用茶具
	茶马交易	唐代，蒙古(回纥时期)驱马市茶，开了茶马交易先河

续表

朝代	茶事	备注
宋朝	驰茶禁	实行通商法
	西番茶易	塞外最早关于茶的通商贸易
	龙凤团茶	建安设茶焙，专制贡茶
	《大观茶论》（宋徽宗）	第一个写茶书的皇帝
	天下第一泉（文天祥）	“扬子江心第一泉，南金北来铸文渊。”（《太白楼》）
	茶墨之争（张舜民）	唐宋时期嗜好品饮、斗茶，以尚茶为荣，盛行茶墨之争
明朝	茶司马	专营茶马贸易事的机构
	废团改散（朱元璋）	朱元璋下令废团茶改散茶，促进炒青茶的发展
清朝	十八颗御树（乾隆）	乾隆采狮峰龙井茶治病太后，封胡公庙前十八棵茶树为御用茶树
其他	天下明泉多“陆羽”	与陆羽有关的明泉，惠山泉、文学泉、苎翁泉等
	碧螺姑娘	来源一，“从来佳茗似佳人”，以“碧螺春”纪念碧螺姑娘；来源二，康熙下江南赐名“吓煞人香”为“碧螺春”
	冻顶乌龙	林凤池衣锦还乡带茶苗种植冻顶山上，报答乡亲们对他以前的帮助
	蒙顶玉叶	相传西汉末年，蒙顶寺院普慧禅师，以七棵茶树治病、健身，人称“仙茶”，又名“蒙顶玉叶”
	御茶园遗址	由“石乳”茶引发的农民起义、火烧御茶园
	猴公茶	阿婆帮助母猴平安生产，猴公赠予阿婆茶籽
	雪琴辨泉	鄂比取水测曹雪芹辨“品香泉”水
	庐山云雾	来源一，阿虎种茶、制云雾茶极好，皇上命他在京城种茶，因环境不同制不出被刺死；来源二，五位老人在山峰种茶、制茶，所制茶称为“云雾茶”
	大红袍	来源一，勤婆婆的神茶——武夷山北麓慧婉村的勤婆婆施斋给老翁，获老翁赠龙头拐杖和茶籽，种于院中；每年采茶待客，乡亲称此茶为“神茶”；后皇帝下旨砍掉“神茶”，连根铲除，第二年以后，茶树发蔸，又长成了三丛，此茶称为“大红袍”。来源二，御赐红茶——太子救老汉性命，获老汉帮助采得武夷山的茶叶；皇后久病，喝完太子采的茶痊愈，皇帝赐大红龙袍；自此，武夷山人称之为“大红袍”。来源三，贡茶珍品——皇后久病，喝完状元的茶叶便痊愈，皇上赐红袍给九龙窠披的茶树，此茶为“大红袍”

续表

朝代	茶事	备注
其他	龙井茶虎跑水	“龙井茶，虎跑水”，是杭州“双绝”。龙井茶——杭州龙井村的老阿婆赠乡亲们茶籽，于是龙井一带漫山遍野栽种了茶，此茶称为“龙井茶”。虎跑水——在唐代元和年间，大虎、二虎不惜一切代价为性空和尚及百姓找到泉水，为纪念大虎、二虎，命此泉水为“虎刨泉”，后来改称“虎跑泉”
	正志和尚与茶	熊开元知县遇黄山云雾茶，欣赏云雾茶高洁品质，厌恶官场的奉承，遂到黄山出家法名正志
	茶姑画眉	姑娘为答谢乡亲们的救助，历尽千辛万苦寻找茶籽，她不忘播茶种变成鸟，荒山变成了茶山，茶农们为了纪念姑娘，将小画眉取名为“茶姑画眉”
	擂茶二说	来源一，擂茶救治张飞，遏制瘟疫；来源二，伍道婆制擂茶赈灾救命

扫码了解更多茶文化知识
（民俗、生活、诗词……）

第二章 茶艺礼仪

第一节 礼仪概述

一、含义

茶礼有缘，古已有之。茶礼，即礼仪和礼品。茶艺礼仪要求行为、语言规范，仪容、仪态端正。

二、原则

茶礼，以人为载体，以茶为媒，以茶事为契机；人与人之间互相尊重、互相谦让，注重情感交流、艺术修养。

三、重要性

“不学礼(bù xué lǐ)，无以立(wú yǐ lì)”；“安上治民(ān shàng zhì mín)，莫善于礼(mò shàn yú lǐ)，移风易俗(yí fēng yì sú)，莫善于乐(mò shàn yú lè)”。（春秋时期·孔子《论语》）

茶礼，人伦之礼；茶道，人伦之道。茶道人道，茶道仁道。茶礼是社会礼仪的一部分，具有一定的稳定社会秩序、协调人际关系的功能。

四、基本要求

（一）仪容仪表

服装：淡雅、干净、整洁、端庄；

面容：干净、自然、端庄、素雅；

发型：干净、整齐、端庄、简约；

手型：柔嫩、纤细、清洁、灵巧。

（二）姿态要求

站姿：静力造型，优美仪态的起点；

坐姿：安静、平稳、优雅；

步态：轻盈、敏捷、有韵律；

鞠躬：轻柔、自然、微笑；

表情：目光、微笑；

手势：切实、一致、简括、优美。

（三）举止要求

自然、文明、稳重、美观、大方、优雅、敬人。

第二节　基 本 礼 仪

一、仪容规范

仪容涉及面容、头发、化妆、手型，要求自然美、修饰美、内在美。

jūn zǐ guì lì shēn　yí róng ān zú kuā
“君子贵立身，仪容安足夸”（清·孙枝蔚《览古》）

（一）面容

面容涉及眼部、耳朵、鼻子、嘴巴、脖颈，要求清新健康、平和放松、微笑，不化浓妆，不喷香水，洁净，无汗渍、无油污、无任何不洁物。

（二）发型

发型根据脸型和气质进行设计，要求干净、整齐、端庄、简约，头发梳理、盘起。

（三）手型

手型要求柔嫩、纤细、清洁、无味、灵巧，无手饰，不涂指甲。

（1）女士：纤小结实。

（2）男士：浑厚有力。

（四）服饰

服饰要求淡雅、清新、合体，便于泡茶，袖口不宜过宽；中式为宜，服装和茶艺表演内容相配套。

着装符合T、P、O原则，即时间Time、地点Place、场合Occasion。

（五）化妆

化淡妆，切忌浓妆艳抹。为避免影响茶香，化妆品应选用无香品系。

（六）语言

hǎo yǔ yī jù sān dōng nuǎn è yǔ yī jù sān fú hán
“好语一句三冬暖，恶语一句三伏寒。”（明·《增广贤文》）

语言规范，待客有五声：客来问候，落座招呼，致谢，致歉，客走道别。

多用敬语、谦让语，杜绝四语，即蔑视语、烦躁语、否定语、斗气语。

二、仪态规范

仪态，即姿态和风度。姿态，体现身体状态；风度，体现内在气质。

基本仪态包括站、坐、行等，“站如松，坐如钟，行如风”。

（一）站姿

“站如松”，站时像挺拔于山间的松树，堂堂正正，坚固稳定，自有其威势。

常见站姿如下：

1．规范站姿

站立时，两腿直立贴紧，身体挺直，挺胸收腹，双肩平正放松，头正直向上，双眼平视前方，双手自然下垂于身体两侧（如立正姿态）。女士，双脚并拢略开外八；男士，双脚与肩同宽或略窄略开外八（图2-1）。

图2-1　规范站姿

2．叉手站姿

双手在腹前交叉。男士左手在上，双脚分开不超过20cm；女士右手在上，呈小丁字步站立，一脚向侧前方伸出约1/3只脚（图2-2）。

图2-2　叉手站姿

3．背垂手站姿

此类站姿为男士多用。一手放在背后，贴近臀部；另一手自然下垂；双脚，并拢或分开。站立时，双手不要放进衣兜或裤兜，双腿不要抖动，身体不要靠着柱子、墙等物体，手不要撑在桌子上（图2-3）。

图2-3　背垂手站姿

（二）坐姿

“坐如钟”，坐时像大铜钟一样四平八稳，心态平和，精神饱满。

常见坐姿如下：

1．标准坐姿

坐在椅上的1/3处，双脚并拢，小腿垂直地面，两脚保持小丁字步，上身挺直，肩膀放松，下颌微收，目视前方，面部表情自然；女士双手交叉，放于腿上，或者放于小腹之前；入座前，若为裙装，坐下之前先拢裙摆再坐下；起身时，右脚要向后收半步再起立（图2-4）。

图2-4　标准坐姿

2．前伸式坐姿

在标准坐姿的基础上，小腿向前方伸出一脚的距离，但不要将脚尖翘起（图2-5）。

图2-5　前伸式坐姿

3．点式坐姿

在标准坐姿的基础上，两小腿向一侧斜出，大腿与小腿直接的角度为90°。男士的坐姿应上身正直上挺，双肩平正，双手分开放于双腿上，两腿分开或并拢。坐时，不可跷二郎腿，不要抖动（图2-6）。

图2-6　点式坐姿

（三）行姿

“行如风”，行走时如清风一样轻盈灵动，自信，不拖拉。

1．标准行姿

以站姿为基础，行走时，直线前进，脚跟先着地，两脚微外八，双手前后自然摆动；要求体态轻盈、步速平稳、有节奏感，不能拖脚，不要摇摆。

2．变向行姿

变向时，身体以一定的方向先转，头随后转。

3．后退步

告别时，先退后两步再侧身转弯离开，不要扭头就走。

4．引导步

带路时，身体半转向宾客，保持两步的距离，走在宾客的左侧前方；若遇到楼梯，进门时，伸左手示意宾客“请”。

5．穿不同鞋子的行姿

穿着平底鞋行走时，要求平稳、自然，避免走路时过于随意；穿着高跟鞋行走时，绷紧膝关节，步幅小，脚跟先着地，两脚尽量落在一条直线上。

（四）跪姿

跪姿下坐时双腿并拢下跪，臀部坐在双脚的踝关节处，脚踝自然向两边分开，其他动作与坐姿相同。刚开始练习这个坐姿时，踝关节会十分疼痛，双脚有麻痹感，因此要多锻炼踝关节（图2-7）。

图2-7　跪姿

（五）蹲姿

基本要领：屈膝并腿，臀部向下，上身挺直。

1．高低式蹲姿

下蹲时，要求左脚在前完全着地，右脚稍后脚掌着地；右膝低于左膝，形成左膝高右膝低的姿态；臀部向下用右腿支撑身体（图2-8）。

图2-8　高低式蹲姿

2．交叉式蹲姿

蹲时，右脚在前全脚着地，左脚在后，脚掌着地，两脚前后靠近，合力支撑身体；左膝由后下方伸向右侧，上身略向前倾，臀部朝下（图2-9）。

图2-9　交叉式蹲姿

（六）转身

奉茶时，转身正对欣赏者；离开时，先退后两步再转身；回应时，上身侧面，腰部先转，脖子、身体随转，微笑正视欣赏者。

右转则右足先行，左转则左足先行（图2-10）。

图2-10　转身

（七）落座

落座要求落座声音轻、动作协调柔和。

（八）表情

表情包括眼睛、眉毛、嘴巴和面部表情肌肉的变化，要求自然、和谐、庄重、典雅，眼睑和眉毛自然舒展、轻松。

第三节　常用茶艺礼仪

一、寓意礼仪

寓意礼是表示美好寓意的礼仪，常见的包括以下几种。

（一）凤凰三点头

一手提壶，一手按住壶盖，壶嘴靠近容器口时开始冲水并手腕向上提拉水壶，再向下回到容器口附近，动作过程要保证水流流利优美，水流如“酿泉泄出于两峰之间”这样反复高冲低斟三次，寓意向来宾鞠躬三次，表示欢迎。

（二）回旋注水

在进行一些回旋动作，如注水、温杯的时候，手的旋转方向应该向内，即左手顺时针，右手逆时针。这个动作寓意欢迎宾客，如果反方向，则有驱赶宾客离去之意。

（三）茶壶放置

壶嘴正对他人，表示请人快点离开，因此壶嘴通常朝向正前方45°。如果茶盘，茶巾等物品上面有字，那么字的方向要朝向客人，表示对客人的尊重。

（四）斟茶量

倒茶应倒七分满，正所谓：“七分茶三分情”。俗话说：“茶满欺客”，茶满了容易烫手，也不方便品饮。

二、奉茶礼仪

奉茶礼包括敬茶、献茶、上茶。奉茶的一般程序是摆茶、托盘、行礼、敬茶、收盘等，奉茶时一定要用双手将茶端给对方以示尊重，并伸出手掌示“请”。有杯柄的茶杯放于客人的右手面，所敬茶点放于客人右前方，茶杯则在茶点右方。奉茶的顺序是长者优先，或者按照中、左、右的顺序进行。

三、鞠躬礼仪

鞠躬礼是指弯曲身体向欣赏者表示敬重之意，通常有坐式、跪式和站式。

（一）站式鞠躬

站式鞠躬根据弯腰程度分为“真礼”（图2–11）“行礼”（图2–12）和“草礼”（图2–13）。以站姿为预备，两手平贴大腿徐徐向下，上半身平直弯腰，略作停顿，再慢慢恢复站姿。“真礼”要求呈90°，“行礼”要求呈120°，“草礼”两手平贴大腿150°。

图2–11　真礼

图2–12　行礼

图2-13　草礼

（二）坐式鞠躬

以坐姿为准备，弯腰后恢复坐姿（图2-14）。其他要求同站式鞠躬。

图2-14　坐式鞠躬

图2-14　坐式鞠躬（续）

（三）跪式鞠躬

以跪坐式为预备，背颈部平直，上半身向前倾斜，稍停顿，再慢慢起身（图2-15）。其中，“真礼”约呈45°前倾，“行礼”约呈55°，“草礼”约呈65°。

图2-15　跪式鞠躬

图2-15　跪式鞠躬（续）

四、叩手礼仪

奉茶时，欣赏者以礼还礼，或点头表示感谢，或以叩手礼（图2-16）答谢。叩手礼，即拇指、中指、食指稍微靠拢，在茶杯前轻叩，以表感谢之意。

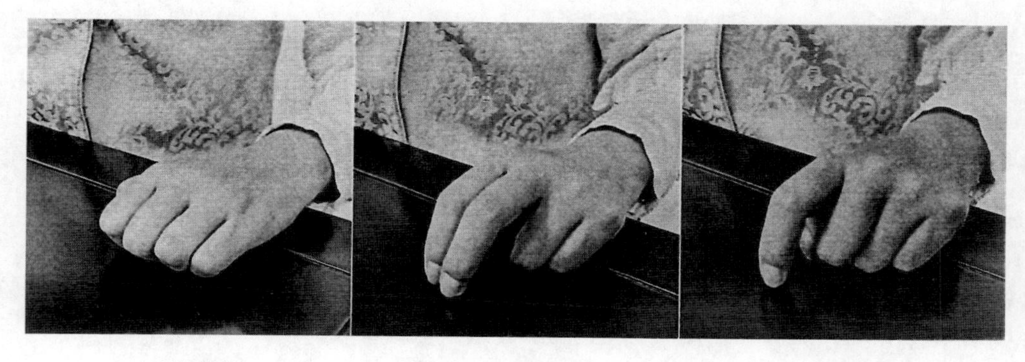

（1）长辈奉茶　（2）平辈奉茶　（3）晚辈奉茶

图2-16　叩手礼

第四节　礼 仪 禁 忌

一方水土养一方人，不同地区人们的生活习惯及其礼仪规范有差别；在茶艺表演或接待宾客时，需考虑宾客和欣赏者的礼仪禁忌等。

一、颜色禁忌

中国人，忌讳白色；埃及人、比利时人，忌讳蓝色；日本人，忌讳绿色；大多数西方人，忌讳黑色和棕色；蒙古人和俄罗斯人，忌讳黑色；巴西人，忌讳黄色、紫色；叙利亚人和埃塞俄比亚人，忌讳黄色。

二、数字禁忌

中国人、韩国人和日本人，忌讳“4”；大多数西方人忌讳“13”；中东和西方国家人民，忌讳“13号星期五”；泰国人，忌讳“6”。

三、花卉禁忌

大多数国际交际场合，忌讳菊花、石竹花、杜鹃花等黄色的花。

四、举止禁忌

中东地区人民，忌讳左手递物；伊朗人，忌讳翘起大拇指。

第三章

茶艺环境布置

第一节 茶席设计

一、基本要素

（一）茶叶

茶叶是茶文化的载体，茶艺是茶叶的表现形式。茶席设计是茶艺的主要元素之一，茶叶是茶艺的实体，而茶文化是茶艺的精髓；在茶艺表演过程中，以茶入席，以席达意，传播茶艺主题的文化精髓。

（二）茶具

器为茶之父，茶具是茶艺表演或礼仪接待构成的主体因素之一，其组合是茶席设计构成的基础，须实用性与艺术性相统一。茶艺表演或礼仪接待过程中，茶具可分为煮水壶、茶壶、茶叶、茶叶罐、茶则、品茗杯等必不可少的个件；以及茶荷、茶碟、茶针、茶夹、茶斗、茶滤、茶盘、茶巾和茶几等功能齐全的组件。

茶具选配的原则如下：

1．依据茶类特性、茶艺类型

（1）杯泡法　玻璃杯，则竹制茶托，柔和桌布，意境节奏协调。

（2）碗泡法　青花瓷，则嫩绿细竹作背景，意境神清气爽。

2．依据茶具款式和排列（对称+协调原则）

（1）“前后高矮适度”的原则　以壶为主，具在中，配套用具分设两侧，“左右平衡”，让欣赏者看得清晰。

（2）“均匀摆布”的原则　茶具间距离均匀，整体上有平衡感觉，符合传统的审美观念。

（三）茶桌

茶桌是茶席设计的载体，作为茶艺表演的重要设备之一，常见有便于废水倾注或盛放、质地雅致与造型优美、伸缩自如与活动方便等特点。

根据茶艺表演类型及其冲泡方式选择茶桌，总体要求：配套凳子，高低协调；与茶艺师的身材比例协调；与茶具的形态、多少、排列等相一致；长宽、大小、形状等，与茶艺主题一致。

桌布是茶席设计的主体之一，铺于茶桌上，旨在烘托茶艺主题。常见有麻布、蜡染、棉布、毛织、绸缎、化纤、编织、印花等类型，其质地、色彩、大小、花纹等选择和布置要与茶艺表演的主题相协调，与茶具、茶叶、茶汤、环境和服饰相映衬。

（四）茶挂

茶挂，悬挂于茶室与茶艺主题相符的诗、词和画等饰品，旨在烘托茶席气氛，达到真善美的意境。

根据茶艺主题内涵，选择“适时”“适地”“适宜”“适称”的茶挂。常见如下：

（1）以梅花代春，表达万物复苏，衬托五福。

（2）以兰花代夏，表达深厚情感，衬托炙热。

（3）以竹子代秋，表达简约淳朴，衬托谦和。

（4）以菊花代冬，表达清净高洁，衬托和谐。

（5）以羊代开泰，表达三阳开泰，衬托祥和。

（6）以喜鹊代乐，表达幸运吉祥，衬托幸福。

（7）以富有吉祥意味的画作，表达年初新正、万物复苏，演绎出不同的文化特色。

（五）茶席插花

插花艺术，即将植物的枝、叶、花、果等作为素材，经过一定的技术（修剪、整枝、弯曲等）和艺术（构思、造型、设色等）加工，重新配置成一件精制完美、富有诗情画意，能再现大自然美和生活美的花卉艺术品。给人以清新、鲜艳、美丽、真实的生命力美感，因而最易表现出强烈的艺术魅力。但在茶席中还是以茶为主，茶席的插花只是起一定的装饰及点缀作用。

插花艺术的种类很多，现从插花艺术种类（表3-1）以及插花艺术风格要求（表3-2）分类。

表3-1 插花艺术种类

名称	分类
花材性质	鲜花插花、干花插花、人造花插花
容器样式	钵花、壁花、瓶花、盘花、篮花
使用目的	礼仪插花、艺术插花
艺术风格	东方方式插花、西方方式插花、现代自由式插花

表3-2 插花艺术风格要求

要求	内容
总体	色彩清素，枝条屈曲有致，花器高古、质朴，意境含蓄，诗情浓郁，别具风貌
手法	以单纯、简约和朴实为主，达到应情适意、诚挚感人的目的
花材	常用松、柏、梅、兰、菊、竹、梧桐、芭蕉、枫、柳、桂、茶、水仙等；多用折枝，注重线条美
色彩	多用深青、苍绿的花枝绿叶配洁白、淡雅的黄、白、紫等花朵，形成古朴沉着的格调
花器	多选用苍朴、素雅、暗色、青花或白釉、青瓷或粗陶、老竹、铜瓶等

二、意境营造

根据主题内容的丰盈度以及茶席设计的丰富度，营造飘逸洒脱、超然绝俗、处世不争、神秘、质朴、典雅的意境。

（一）主题

主题鲜明突出、耐人寻味，要求文字既要精练简单，又要能够突出主题使其意味深长。如《盼》《静》《吟秋》《龙井问茶》《九曲红梅》《山水情》《仲夏之梦》《跟着感觉走》《浓岩茶屋》《梅韵》《清韵》《野趣》《人迷草木中》等。

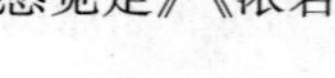

（二）立意

在茶艺表演过程中，常利用茶席设计含蓄地表达出作品主题，给予欣赏者无限的想象空间。如通过铺垫的色彩和简洁的器物，巧妙地把平静如水的心境表现出来。

第二节 背景音乐

根据不同类型的茶席挑选合适的背景音乐，表3-3中所列音乐可供参考。

表3-3 背景音乐

类型	起源	特征	名曲
古琴	周代	是伴奏相和歌的乐器	《阳春白雪》《高山流水》《梅花三弄》《阳关三叠》《潇湘水云》《醉渔唱晚》《平沙落雁》《关山月》
古筝	东周	用于独奏、伴奏和合奏	《渔舟唱晚》《高山流水》《汉宫秋月》《寒鸦戏水》《将军令》《四合如意》《彩云追月》《茉莉芬芳》
琵琶	秦朝	低音区淳厚结实、中音区优美洁丽、高音区清脆明亮、泛音则清越圆润	《十面埋伏》《浔阳夜月》《月儿高》《雨打芭蕉》《塞上曲》《金蛇狂舞》《飞花点翠》《彝族舞曲》
二胡	唐代	音色柔和优美、旋律千愁百转或欢乐明快，常用于独奏、伴奏和合奏	《光明行》《月夜》《悲歌》《空中鸟语》《良宵》《烛影摇江》《二泉映月》《听松》
江南丝竹	江南一带	弦乐器与竹制管乐器的总称，音色细腻、典雅、流畅，韵味十足	《四合》《中花六板》《三六》《行街》《云庆》
广东音乐	广东戏曲	音乐清秀明亮、曲调流畅优美、节奏活泼明快	《雨打芭蕉》《柳摇金》《步步高》
轻音乐	英国	可分为“严肃音乐”和“轻音乐”	外国通俗音乐、外国舞曲、外国民歌、外国流行音乐

第四章 茶艺编排

第一节 总体要求

茶艺表演是一项综合的艺术活动，其将泡茶技巧融合艺术性，体现出极强的礼仪性、表演性、观赏性；尤其是表演型茶艺，整合茶艺思想、礼仪规范、艺术表现、技术要求，体现出茶艺共性与个性的和谐统一。

一、茶艺思想

茶艺表演节目具有独特的思想内涵，避免了表演过程的空洞、乏味；除了茶艺过程的表演，更重要的是茶艺讲述的故事和表达的主题，自觉自悟，度己度人，赋予茶艺表演的灵魂，体现茶叶的“真、善、美”和人生的“和、静、雅、壮、逸、古”。

如云南《白族三道茶》表达的一种“一苦二甜三回味”的人生哲理，品一杯好茶，悟人生跌伏。

二、礼仪规范

客来敬礼，迎宾奉茶，有礼有节，大方得体；在表演过程中，不能僵化，不宜凝滞，充满着生活的气息、生命的活力。

泡茶、奉茶、鞠躬、叩手，站如松，坐如钟，行如风，张弛有度，登堂入室，内外兼修，技进乎道，从心所欲。演的故事，表的礼仪；品七分好茶，感满杯敬意。

三、艺术表现

在艺术表现的整体风格上，要求表演与叙事合二为一，毫不造作，自由旷达，不拘一格，注重内省，细致精准，恰到好处，慎始慎终，细雨润物，默契律动，道法自然。

四、技术要求

了解和掌握泡茶的规律，注重意境，融入思想内涵，恰当表达主题，灵动自然，登堂入室，形神兼备，技进乎道，从心所欲，度己度人；不能一味地模仿、照搬、东施效颦，避免动作生硬、做作、呆板，出现情不真、态不实、器不洁、境不清、容不恭、心不宁、意不适的情况。

第二节　茶艺表演编排

通过茶艺解说员、茶艺表演者茶艺表演将茶艺知识、技能、文化精神传达品饮者。合理的茶艺程序编排才能将茶叶优异的色香味形、茶文化思想精神、礼仪规范、茶艺艺术等表现出来。通常编排茶艺表演程序如下。

一、主题的确定

主题是茶艺表演的灵魂，具有鲜明思想内涵，传播茶文化的精髓。

在茶艺表演过程中，必须先明确主题，再敲定表现形式；其次，构思表演风格，编创表演程序和动作；最后，选择茶具、服装、音乐、背景视频等进行排练。如大理《三道茶》的主题为“一苦二甜三回味”，喻示着人生有苦有甜、苦尽甜来、令人回味无穷等。

二、表演的确定

（一）表演人数

根据茶艺主题及其表演类型要求，确定表演人数，常见有一人型、二人型、三人型和多人型等。

1. 一人型

一人型常见于茶艺职业技能竞赛个人赛项目，对表演者的综合素质和能力要求极高，必须一个人完成茶叶的冲泡、解说、奉茶等全过程。

2. 二人型

二人型要求根据茶艺主题及其表演编排要求，在规定的时间内或同步完成一种或多种茶叶冲泡及解说，诠释茶艺主题思想内涵。通常，一个为主泡，负责泡茶以及解说等；另一个为助泡，负责端茶具、奉茶等。

3. 三人型

三人型分三种：一人担任主泡，一人为助泡，一人为解说；三人均承担泡茶；两人泡茶，一人解说。

4. 多人型

多人型分两种：所有茶艺师均泡茶，动作节奏一致；茶艺师分工协作，部分人负责泡茶，一人或多人负责解说，部分人负责表演或伴奏等主题诠释所需的内容。

（二）茶艺师要求

表演者——茶艺师是茶艺表演的灵魂，其面容、发型、服饰、化妆等仪容，以及站姿、坐姿、行姿、转身、落座等仪态具有一定的礼仪规范，具体要求如下。

1. 三个七

（1）七则　细致精准，方圆结合，恰到好处，慎始慎终，细雨润物，默契律动，道法自然。

（2）七忌　情不真，态不实，器不洁，境不清，容不恭，心不宁，意不适。

（3）七境　登堂入室，形神兼备，内外兼修，自觉自悟，技进乎道，从心所欲，度己度人。

2．二个符合

（1）符合大众审美　通常，以青年女性居多，男士或年长较少。

（2）符合茶艺主体及表演内容　如《将进茶》《坚强》等茶艺主题体现阳刚之气，须男性参与；如《仿唐宫廷茶艺》，唐代以肥胖为美，茶艺师必须丰满；《仿宋茶艺》，宋代以瘦为美，茶艺师要求清秀；《擂茶》《新娘茶》等民俗茶艺，茶艺师要求灵动活泼。

三、动作的设计

茶艺师的眼神、表情、动作等肢体语言，要求如下：

眼神要专注、柔和、庄重，以眼传情，注重交流，忌飘忽、东张西望；表情要自然和谐、有亲和力，面带微笑；动作，即走（坐）姿，要流畅、圆润、轻盈；适当运用必要的情景演绎，切记动作幅度不宜太大、夸张，双手不要交叉，有序地交替进行表演。

四、服饰的选配

根据表演主题、主题背景、朝代、茶性等进行服饰选配，与服装、发型、妆容等协调，体现端庄、淡雅、清新、舒适。

（一）基本要求

（1）服饰　裙子不宜太短，色泽不易鲜艳。

（2）饰品　手上不宜佩戴手表、手饰，女生可以酌情配套玉镯和素雅的耳环，不能涂指甲油，不能留长指甲。

（3）妆容　妆容以淡妆为好，不宜过于浓艳，忌染发、香水。

（二）与表演主题相符合

常见茶艺表演主题有民族风俗类、古代传统类、现代生活类等。

（1）民族风俗类　选用民族服饰，搭配少数民族特征元素，如水族马尾绣、苗族苗绣、彝族彝绣等服饰。

（2）古代传统类　选用古代服饰，搭配古代特征元素，如唐代、宋代、清代等服饰。

（3）现代生活类　选用旗袍、对襟衫、长裙等，搭配适宜题材特征元素。

（三）与主题背景相符合

常见茶艺表演的主题背景有年代、民族、行业等。

（1）年代　与主题背景的年代相符合，如《仿唐宫廷茶艺》，选用唐代服饰；《仿宋茶艺》选用宋代服饰。

（2）民族　与主题背景的民族相符合，如云南《白族三道茶》，选用白族服饰；贵州《侗家情》，选用侗族服饰；《苗岭飞歌》，选用苗族服饰。

（3）行业　与主题背景的行业相符合，如《禅茶》，选择用特定的僧服；《道茶》，选用特定的道服。

（四）与冲泡茶叶相符合

1．发酵茶

红茶、黑茶、老白茶、重发酵乌龙茶等发酵茶，其特点是陈醇、厚重、沉稳、内敛，应选用质感端庄稳重的服饰，忌穿丝质薄纱材质以及颜色太轻佻的服饰。

2．不发酵茶

绿茶以及新白茶、黄茶、轻发酵乌龙茶等不发酵或轻发酵茶，其特点是嫩黄、清新、淡雅、脱俗，应选用白色、绿色等素雅的服饰，忌红色、紫色等色泽明艳的深色服饰。例如《龙井问茶》，选用白底镶绿边的旗袍。

五、用具的选择

表演用具是茶艺表演重要组成部分之一，常见泡茶器具有茶具、桌椅/凳、陈设装饰道具等；在茶艺表演过程中，用具的选择须与表演题材相符合。

（1）现代生活题材　选用紫砂、盖碗、玻璃等多种茶具。

（2）抗战年代题材　选用搪瓷杯、军用水壶等器具。

（3）古代茶事题材　选用具有朝代特征的器具，如仿宋点茶，选用汤瓶、建盏、茶筅等；唐朝宫廷茶艺，选用炙茶、碾茶、罗茶、釜、炭、勺、青瓷等。

第三节　环境布置

一、背景音乐的选配

背景音乐是茶艺表演主题的灵魂，旨在吸引观众注意力，营造浓郁的艺术气氛，带领大家进入诗意境界。在茶艺表演过程中，根据主题思想内涵选配适宜的背景音乐，常见的茶艺表演主题类型及其背景音乐选配如表4-1所示。

表4-1　常见茶艺表演主题类型及其背景音乐

主题类型		音乐	备注
烘托主题	月下美景	《春江花月夜》《霓裳曲》《月儿高》《彩云追月》	多选用中国传统乐器古琴、古筝、箫、笛、琵琶等吹弹的轻音乐或钢琴、管弦等纯音乐伴奏
	山水之音	《潇湘水云》《汇流》《幽谷清风》《流水》	
	思念之情	《塞上曲》《远方的思念》《阳关三叠》《情乡行》	
	拟禽鸟之声态	《空山鸟语》《鹧鸪飞》《平沙落雁》《海青拿天鹅》	
民族民俗	《仿唐宫廷茶艺》	唐代音乐	多选用当地的民间曲调
	《仿宋茶艺》	宋代音乐	
	江西《擂茶》	《江西是个好地方》《斑鸠调》	
	广西《茉莉花茶艺》	《茉莉花》	

二、舞台背景的搭配

挂画或屏风或动景等舞台背景是茶艺主题思想内涵的呈现形式，要求简单、雅致，旨在诠释主题，衬托思想内涵，不宜过于复杂和动态，避免喧宾夺主。

常见舞台背景的搭配：挂画或屏风，点明茶艺主题，突显思想内涵，如《禅茶》，挂“煎茶留静者，禅心夜更闲”的字画；动景，身临其境，生动活泼，简明扼要，如《秋日私语》，让“枫叶飘落”的场景，意境美妙、美轮美奂；投影幕、LED屏，根据主题制作幻灯片或视频播放，可更好地让欣赏者理解和感受茶艺主题内容及内涵。

三、灯光效果的处理

在茶艺表演过程中，灯光效果旨在于突显主题思想，要求明亮、柔和，忌昏暗、刺眼。常见灯光效果的处理：光线聚集主泡，周围光线昏暗；光线动态处理，随着主题思想的推进而改变，吸引观众的注意力。

第四节　解说词编写

一、内容编写

茶艺解说词是对茶艺表演操作过程、原理、功能等内容进行解说，辅助观众理解茶艺表演的主题，使茶艺表演能更好地达到艺术效果；其内容一般应包括茶艺表演的名称/主题、解读主题的文本文字，以及茶席设计理念及内容图片、茶品选择、背景音乐视频内容、创新创意之处及表演者单位、参与表演人员的姓名等。

（一）主题

解说词的主题应适合欣赏者的群体类别，避免云里雾里或班门弄斧。若欣赏者为专业人士，要求简明扼要、重点突出；若欣赏者为普通大众，要求通俗易懂、情真意切。

（二）内容

1．内容要求

首先简单介绍茶艺表演的主题、茶叶特点、文化背景等，拉近观众，走进茶艺表演，读懂主题和内容。如在表演前，陈文华《客家擂茶表演》的解说词简明介绍了客家擂茶的历史、制作过程等。

2．文字要求

文字要求应茶、应时、应地、应人，简单明了，内心共鸣，心灵相通，拉近距离，春风化雨，滋润人心。

（三）表达形式

茶艺表演是茶文化的表现形式，其解说词表达形式具有极大的艺术性，要求典雅、质朴、通俗易懂、情真意切、细致精准、慎始慎终、意境远古，切勿俗气、躁动；此外，解说词忌讳晦涩难懂、超艺术化或非专业化的词语，避免理解障碍。

（四）选词构语

在选择词语、组织结构方面，词语切勿粗俗、直白、空洞，构语注重整齐、对称、和谐、均衡、成双成对、音韵柔美，便于解说员气运丹田、调整语调、娓娓道来。如乌龙茶的四字格："乌龙入宫""关公巡城""韩信点兵""三龙护鼎"等。

（五）审美意象

解说词注意形象化、含蓄化、简雅素朴，融入传统文化，或民俗，或艺术，或文学，或哲学的主题内涵；丰富茶艺表演的审美意象，最大限度地调动欣赏者的抽象思维，促使内在的主观感受与已有的心理积淀交融于情感中，拉近表演者与欣赏者的审美距离。如"关公巡城"（分汤动作）、"韩信点兵"（点茶技巧）、"三龙护鼎"（端杯品茗）、"凤凰三点头"（沏茶动作）。

二、解说要求

（一）使用标准普通话

茶艺表演的解说应使用标准普通话，使茶艺更加大众化、雅俗共赏，传播更加深远。

（二）脱稿

在茶艺表演的解说过程中，注重交流，以言传情；谨记脱稿，避免给人留下对表演不熟悉的印象或对观众不尊重的错觉。

根据省级及以上茶艺大赛标准，团队赛中拿稿解说扣分，个人赛中解说不实也扣分。

（三）情真意切

解说时，投入感情，语气抑扬顿挫，带有感情色彩，为精湛的表演、唯美的解说词加分；注意语言表达技巧，宜亲切自然，切忌矫揉造作、毫无感情。

三、解说词欣赏

（一）2016年全国茶艺职业技能竞赛金奖作品茶艺解说词

乡茗换我悟茶心

覃玉

那时，你不说话，静静的，卷缩在罐子里！

他们说：你是家乡的瑰宝，是毛主席赐名的都匀毛尖；你是“万病之药，灵魂之饮……”

而我却不以为然。

或许是因为那时的我，太年轻!

而年轻时的我们，以为眼睛看见的就是最美的，鼻子闻到的就是最香的，论颜色、比香气，那时的我们总以为花是最美的。

可是后来，他们又说，说：你是佛家的禅，道家的气，儒家的礼，文人的墨笔（拿起书看）。

诗人们都赞誉你（幻灯片播放：元稹的宝塔诗，卢仝的七碗茶诗），元稹说：“茶，香叶，嫩芽，慕诗客，爱僧家……”，卢仝说：你“一碗喉吻润，二碗破孤闷……”

画师们都描绘你（幻灯片播放：《宫乐图》、《茗园赌市图》），唐代茶圣陆羽，宋代皇帝赵佶更是为你著书。《茶经》《大观茶论》，都是单单为你而著。

慢慢的我成长了，成熟了，慢慢的我开始学习你，了解你，认识你，我才发现：

你，不过是一片小小的树叶，却为我的家乡装点秀丽风光，成就功业；

你，不过是一片小小的树叶，却为我的家人守护吉祥安康!（走到主泡位）

如今，我也爱花，而且更爱了，那是因为她能为你点缀茶席，让你展露，你那白毫隐翠、纤细卷曲的仙姿，吐露你那清幽高长的芬芳，浸润你醇厚鲜爽的滋味。

如今为你，我愿幻化成百般柔情甘洌的清泉，让烈焰将我沸腾，为你烫去世间的俗物，洗净世间的沧桑。

等候你的到来！为你，我愿倾我所有，为你提高你的温度，氤氲你的幽香，焕发你的滋味，直到将你生命里原本的绿意“回溯”。

直到此刻，我也才真的懂得你美好的发心——“和、静、怡、真”。

和：愿世间人与人相处和谐，共创人间美好。

静：让世人懂得“淡泊以明志，宁静以致远”。

怡：怡然自得，笑对人生。

最后学会明白你的真：茶真，水真，性情真，人间真善美，真是参悟、是透彻、是从容……也是爱，愿大家都爱茶，爱它的香气，芬芳他人；爱它的滋味，醇厚甘甜，沁人心脾！

（行礼）我的茶艺表演到此结束，感谢各位的观赏！

图4-1　覃玉现场表演照片

（二）2018年贵州省茶艺职业技能竞赛金奖作品茶艺解说词

黔红古韵

陶远海

茶之大者，天灵地气，日精月华。

春初萌，夏已翠，秋扣月，冬饮雪。

雅风仙骨菩提相，琴心剑胆松竹韵。

歌为朋，诗做友，丝竹起，管弦兴。

黔红浸琼液，嫩芽染丹青。

黔中子弟学烹茶，一盏清茗酬知音。

经云：

黔中茶生思州、播州、费州、夷州。

可见，我黔人制茶已逾千年，

采造之精不言而喻。

或炒，或焙，或揉，或捻，

思采不易，不敢懈怠。

今得真茶一瓯，于此黔茶盛世，

与各位师长一同，

品味黔红古韵。

图4-2　陶远海现场表演照片

（三）2019年全国茶艺职业技能竞赛银奖作品茶艺解说词

幸福茶记

孟祥帅

大家好，我是一名特殊的茶叶工作者——记者，我用手中的相机和纸笔记录下关于茶叶的故事。

眼前的千里江山图描绘了祖国的巍巍河山，也让我仿佛置身于贵州的山水之中。报道茶业这几年，我用脚步丈量数百座茶山，用相机记录茶农的耕作，用纸笔描绘茶山的生活。

曾经一贫如洗的贵州，如今荒山被700万亩茶园的绿色覆盖，绿水青山变成了金山银山，数百万贫困户因茶脱贫，过上幸福生活。

我记录着乡村的振兴，记录着农民生活的幸福稳定，记录着茶叶给人民带来的幸福感。我明白，茶不是简单的一片叶子，它是脱贫的茶，更是富民的茶。它是根植于中华大地上的风土人情，它是传播中华文化的载体，它是中国拥抱世界的温度。

现在请和我一起走入茶的世界吧。

“茶，南方之嘉木也。”卢仝在《走笔谢孟谏议寄新茶》中言道：“一碗喉吻润，两碗破孤闷。三碗搜枯肠，唯有文字五千卷。四碗发轻汗，平生不平事，尽向毛孔散。五碗肌骨清，六碗通仙灵。七碗吃不得也，唯觉两腋习习清风生。蓬莱山，在何处？玉川子，乘此清风欲归去。”

卢仝又言：“山上群仙司下土，地位清高隔风雨。安得知百万亿苍生命，堕在巅崖受辛苦！便为谏议问苍生，到头还得苏息否?”

这一杯茶向卢仝致敬，因为他的这首诗我开始喜欢上茶，也因为他的这首诗，在工作中我更关注茶农的生活。我想通过这杯茶告诉卢仝，你心之所系的茶农，如今生活已经发生了巨大的变化，茶农富起来了，亿万人民有了更多的获得感与幸福感！

图4-3　孟祥帅现场表演照片

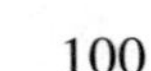

（四）2019年全国茶艺职业技能竞赛铜奖作品茶艺解说词

中国茶·匠心茶

王琳

中国是茶的故乡，是茶文化的发祥地，在茶文化历史长河中书写着茶的足迹。公元5世纪，通过丝绸之路、茶马古道，中国茶及茶文化流传到世界各地；200年前，中国茶农跨越千山万水到巴西等拉美国家种茶授艺；到了19世纪，中国的茶叶已经传遍全球；目前，有150多个国家和地区的20多亿人钟情于饮茶，全球贸易量逐年增加。

回望中国茶发展的一步步历程，数百万茶农、茶人、茶商秉承匠心、不懈坚持。从栽培、采摘、加工、冲泡、销售，每个环节、每道工序、每个细节都精心打磨，创造出中国仅有的六大茶类。

刚采摘下的一片树叶，因倾注了茶人的虔诚、专注和温润谦和的情感，在匠心茶人几十年如一日的专注于茶、坚守于茶、热爱于茶、精益求精的匠心精神下，经过不同的制作工序，才能使中国茶，世界香。

制作茶叶，靠的是经验丰富的双手，是祖祖辈辈的匠心传承。那些一遍又一遍重复的动作培育出的感觉，那一份“恰到好处”，经过反复实践，才能做到得心应手，才能做出好茶来。

喝茶之人与做茶之人，以茶为介质，无意间也传递着一份工匠精神，经验丰富的茶农仅凭双手就知道这茶做得好不好，资深茶客只抿一口也能觉出茶的品质高不高。即便用机器精细地计算出完美的制作方法，也无法复制这份微妙。这精神，是对茶高山流水的默契，也是对茶不言而喻的承诺。

路漫漫其修远兮，吾将上下而求索。茶山迤逦，茶路孤独，但我深知，“纸上得来终觉浅，绝知此事要躬行”。要真正做到知行合一，就必须风雨兼程，付出辛苦。

茶路漫漫，漫漫茶路。一个人，一片树叶，一门手艺，一项事业，一辈子。

图4-4　王琳现场表演照片

（五）2021年贵州省黔南州茶艺职业技能竞赛第二名作品茶艺解说词

以技赋能涅槃重生

曾琳

“坐酌泠泠水，看煎瑟瑟尘。无由持一碗，寄与爱茶人。”各位老师大家好，今天我将为您呈上一杯“涅槃重生茶”。

一片茶叶，从茶园到茶杯中经历了风雨洗礼，岁月浮沉，到遇水涅槃重生。都说“茶，如人生”，这也像极了我的经历。

我来自国家重点产茶省——贵州，全省有88个县，几乎县县产茶。我就出生在其中一个满是青山绿水的产茶县——惠水县，那儿是美丽的好花红故乡，是一个风景秀美气候宜人的地方，那儿有10万亩连江大坝，有美丽的燕子洞风景区，有酸甜可口的金钱橘。当然，更重要的是那里是一个盛产好茶的地方，在海拔1400多米的龙塘山，就有一片让人叹为观止、流连忘返的茶海。

下面，我就跟大家讲一讲我与“茶”的结缘。

20岁的时候，我和很多年轻人一样，渴望到大城市打拼，改变自己的命运轨迹。在陌生的省城，我曾咬着牙借钱和别人一起开过便利店，也做过果蔬批发，夜里12点出发进货，忙到日上三竿才有机会坐下来吃口饭。但即便如此努力，也仅能在生存线上徘徊看不到希望，找不到未来。有一天清晨，坐在贷款买来的小货车里，突然听到罗大佑的歌，歌词像针一样字字扎心。是啊，“这里不是我的家，我的家乡没有霓虹灯”——找不到前进方向的迷茫，变成了内心没有归属的空荡感。

一次偶然的机会，走进了一家茶馆，茶桌上的茶具吸引了我的眼球，我对茶桌上的一切都充满了好奇。这时，老板娘递给我一杯红亮的茶，她说：“看你挺喜欢的，可以试试学茶呀”。正在重新规划人生的我，仿佛发现了新大陆，看着精致的茶具，闻着芳香四溢的红茶，还有知性优雅老板娘的声音在我耳边回荡，顿时我觉得找到了方向，便从此与“茶”结缘。

后来一发而不可收，我决定回乡创业，梦想着拥有一间属于自己的茶室。2014年的秋天，借着“大众创业，万众创新”的热潮，我意外地申请到了创业贷款。2019年共青团中央提出外出青年返乡创业“燕归巢”工程，培育乡村全面振兴的新动能。而我就是那只归巢的燕子。

为了更懂茶，我拿出所有积蓄拜师、精进茶艺，踏寻各大茶区学习、推广家乡的茶叶。从一名普通的茶艺师成为辖区内的茶叶推广者、茶文化传播者，从一个人，两个人到一群人，培养家乡百余人投身茶艺事业，让我找到了人生的方向。

不管你的生活经历如何，如果你手中有茶，你就能静下心来。生活中有太多的事情我们无法控制，珍惜现在，命运将牢牢掌握在自己手中。积极的人生应该像杯中的茶一样绽放，即使千辛万苦，也要涅槃重生。

感谢这一路上前辈的指点，感谢信任我的茶友，感谢生于这个伟大的时代，此时此刻，呈上这杯“涅槃重生茶”，献给所有事茶、爱茶的朋友！

图4-5　曾琳现场表演照片

第五章 杯泡茶艺

第一节 上 投 法

一、茶具选配

泡茶设备及器具清单见表5-1。

表5-1 泡茶设备及器具清单

项目	名称	材料质地	规格（建议）
主泡器	玻璃杯	玻璃制品	高8.5cm，口径7cm，容量200mL
备水器	随手泡	玻璃制品	容量约1000mL
辅助器	奉茶盘	竹木制品	30cm×20cm×2cm
	杯托	玻璃制品	直径11cm
	茶匙	竹木制品	长16.5cm
	茶匙架	竹木制品	长4cm
	茶叶罐	陶瓷制品	直径7.5cm，高90cm
	水盂	玻璃制品	600mL
	茶荷	玻璃制品	14.5cm×5.5cm
	茶巾	棉、麻织品	约30cm×30cm
其他	茶艺桌	木制	120cm×60cm×70cm
	茶艺凳	木制	40cm×30cm×45cm
	茶席	竹布制品	约150cm×40cm

二、茶艺流程

（一）备器

根据表5-1准备主泡器、备水器、辅助器等器具。

（二）布席

以干、湿分区基本原则，根据个人习惯或方便操作进行布席。以右手操作为例，如图5-1所示：玻璃杯放置呈一字形（斜或横）、品字形、圆弧形等；茶叶罐左上，茶荷茶匙放左下；茶巾放于泡茶者的右手位或正中间，随手泡右上方，水盂右下方。布具可根据个人习惯或方便操作摆放器具，做到合理实用美观、干湿分明即可。

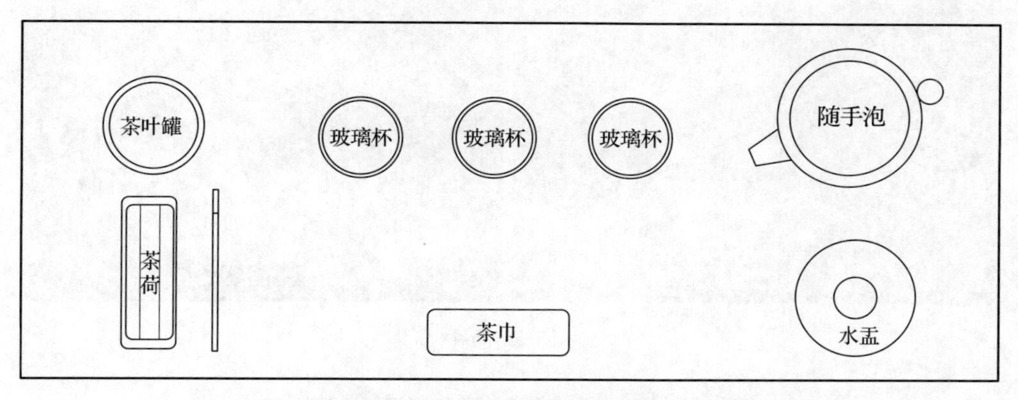

图5-1　布席

（三）行礼

行礼（图5-2）时，上半身与地面呈45°~90°。

图5-2 行礼

（四）择水

尽可能选用清洁的天然水——矿泉水、纯净水等，干净且硬度较低的水。

（五）取火

取柴火点燃酒精灯（若使用电热、燃气，打开开关即可），提壶置于茗炉上。

（六）候汤

急火煮水至初沸（90℃左右），初沸后熄火，待沸水平静后再行冲泡。

（七）翻杯

按从后到前的顺序将玻璃杯翻正并成直线状摆在茶席内靠中间位置，翻杯时右手虎口向下、手背向左握住茶杯的左侧基部，左手位于右手手腕下方，用大拇指和虎口部位轻托在茶杯的右侧基部，双手同时翻杯，成双手对称相对捧住茶杯，然后轻轻放下，如图5-3所示。

图5-3　翻杯

（八）温杯

将随手泡中烧开的水，冲入无色透明玻璃杯1/3处，旋转洗烫，倾倒于水盂里（图5-4）。

图5-4 温杯

图5-4　温杯（续）

若是圆筒形玻璃杯，荡涤后，弃水方式有如下两种：

（1）右手持杯身，杯口向左，置于平伸的左手掌上，同时伸开右掌，向前搓动，使杯中水在旋转中倒入水盂。

（2）左手托杯身，杯口朝左，右手持杯基，逆时针旋转杯身，使杯中水在旋转中倒入水盂，然后轻轻放回茶杯。

（九）注水

将水壶由低向高，连拉三下，俗称“凤凰三点头”，有表示向客人三鞠躬之意。再冲水至杯七分满为止。当然，也可采用“高山流水”式把水冲泡饮杯中（图5-5）。

另外，冲水应至杯七分满，留下三分空间，寓意“七分茶，三分情”，茶一般用沸水冲泡，冲泡时的水注太满容易溢出烫伤彼此，同时容易洒在衣服、席面形成茶渍难于清洁，所以茶水不斟满。

图5-5　注水

（十）赏茶

茶叶从茶样罐中拨入茶荷中，如图5-6所示，双手相对对称的捧给来宾欣赏干茶外形、色泽及嗅闻干茶香，赏茶（图5-7）完毕茶荷放于左下方，以备投茶时用。

另外，在围坐场合，主泡可直接双手捧茶荷，从右向左给来宾赏茶；在主宾分离场合，可由副泡或主泡捧茶荷于来宾面前。

图5-6　取茶

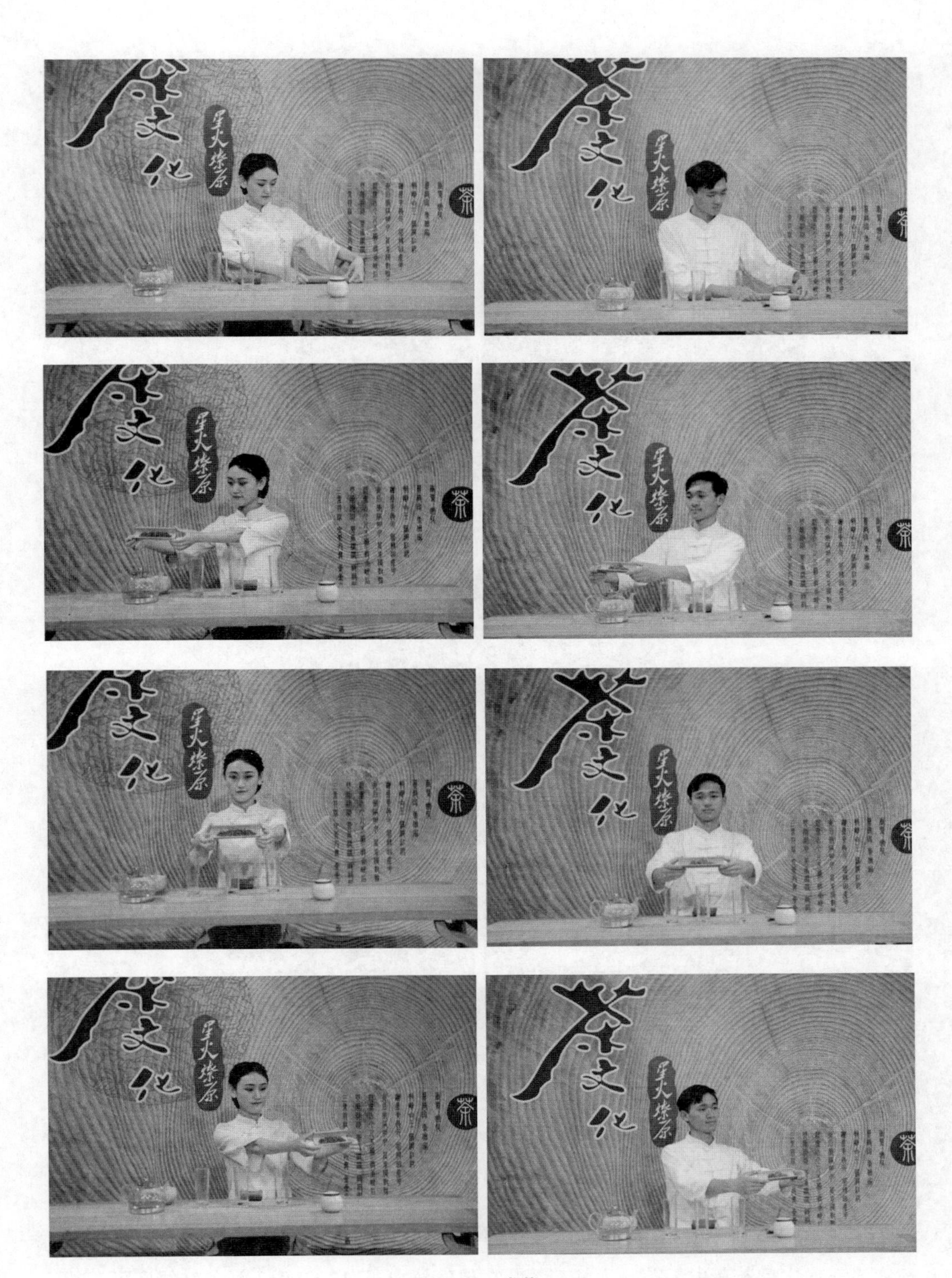

图5-7　赏茶

（十一）投茶

以1g茶对应30~60mL水的比例，取干茶置于玻璃杯中，投茶量可根据冲泡茶类及个人口味而变化（图5-8）。

图5-8　投茶

左手虎口张开拿起茶荷，荷口朝右，右手拿茶拨将茶叶轻轻拨入玻璃杯中，连拨三次，三次之后茶荷中无茶叶为好。茶叶在玻璃杯中浸泡30~90s，汤色转绿即可奉茶。

（十二）奉茶

将泡好的茶用双手环抱式端放于茶巾上，再放入奉茶盘中，面带微笑走到客人面前，按主次、长幼顺序奉茶给客人，并行伸掌礼向客人敬茶（图5-9）。

茶汤不宜太烫以免烫伤，一般在50~60℃，且汤色均匀；右手端茶，从客人的右方奉茶，面带微笑，眼睛注视对方并说："请喝茶或这是您的茶，请慢用"等礼貌用语，敬完一位客人向下一位敬茶时都要先往后移步再转身，重新整理盘中剩余茶汤的合理布局，然后走向下一位客人，敬完回到自己座位上。

拿起茶杯先在茶巾上沾干（以免杯底带有余水），再放置奉茶盘中。放置入盘时按照由远及近的顺序依次有序摆放。

端起奉茶盘于宾客或评委老师面前。

图5-9 奉茶

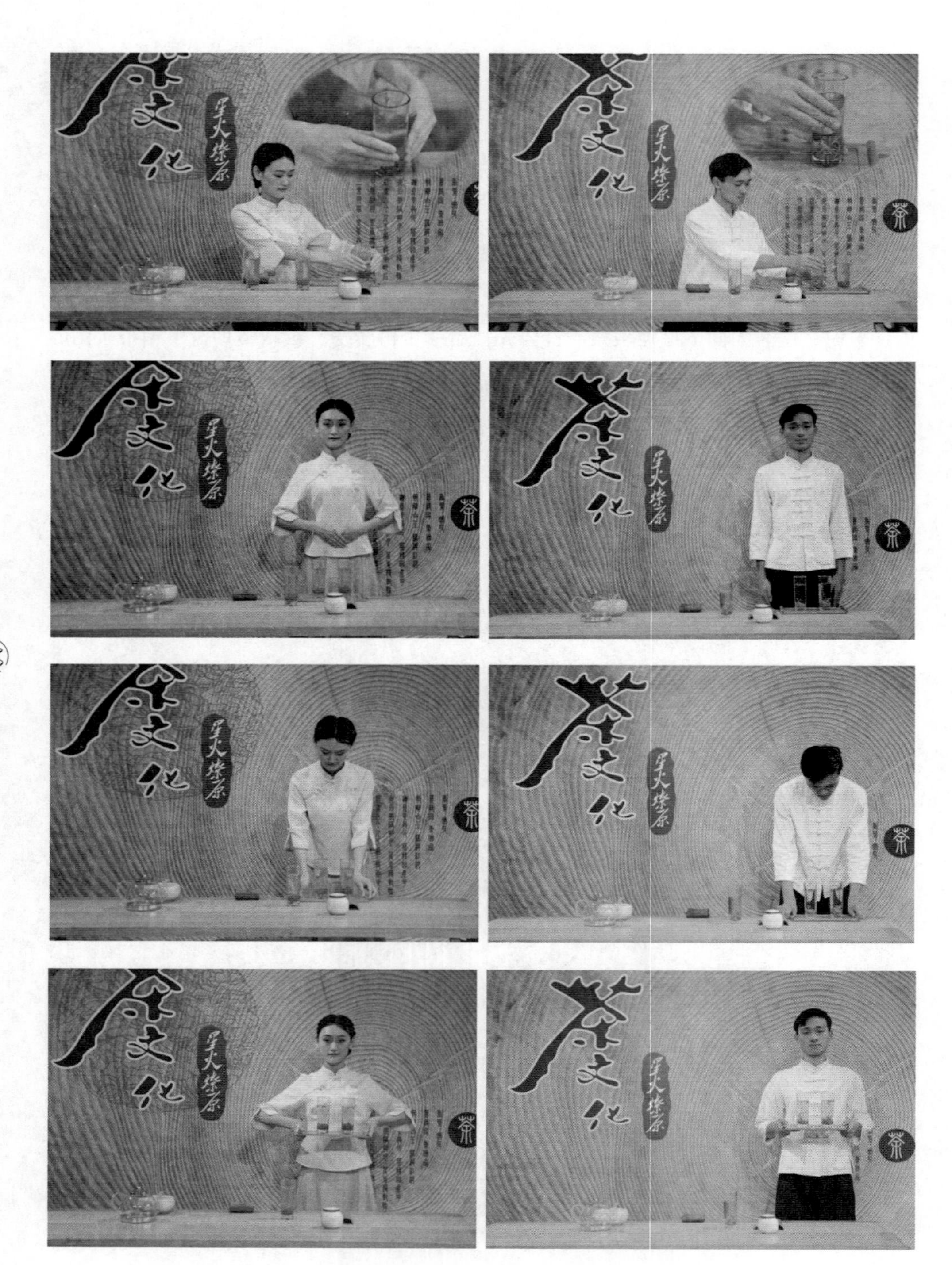

图5-9　奉茶（续）

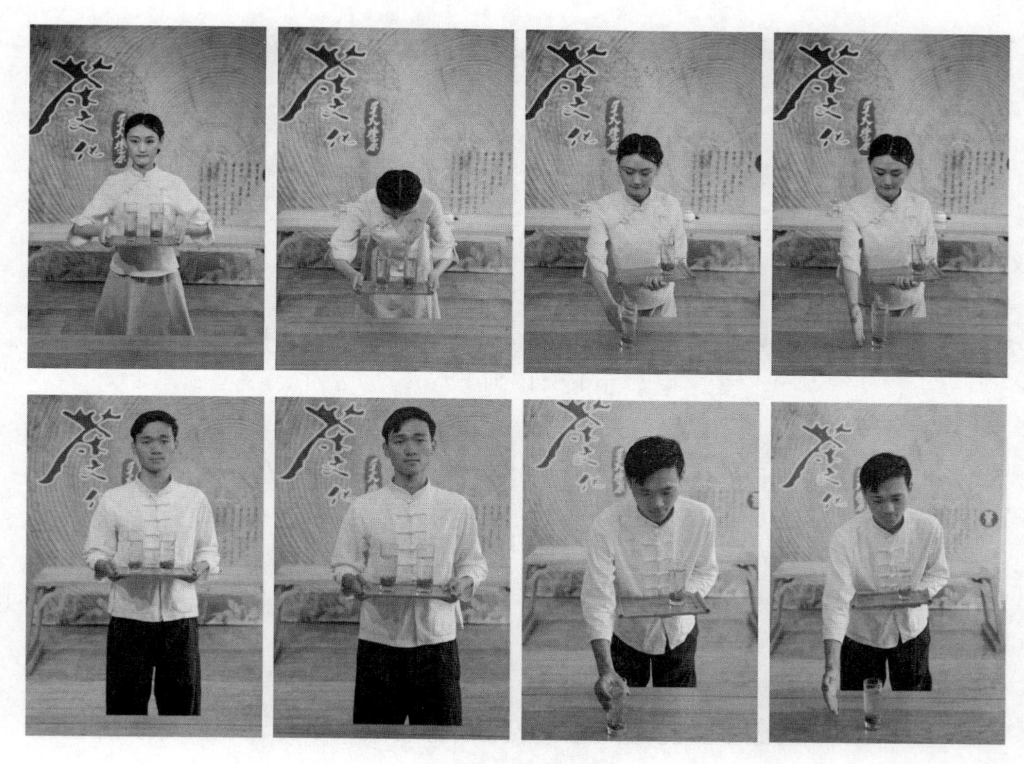

图5-9　奉茶（续）

（十三）品饮

右手虎口张开拿杯（图5-10），女性辅以左手指轻托茶杯底，男性可单手持杯。先闻香（图5-11），次观色（图5-12），再品味（图5-13），而后赏形。

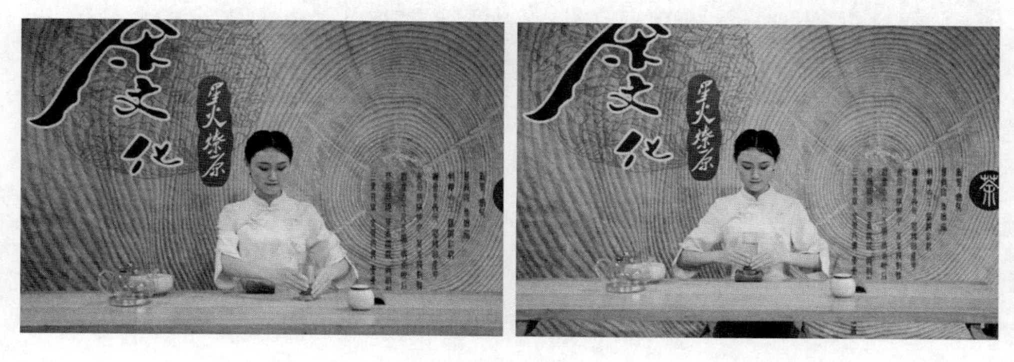

图5-10　拿杯

图5-11　闻香气

图5-12　看汤色

图5-13　尝滋味

（十四）收具

品茶结束，将泡茶用具收好，向客人行礼（图5-14）。

图5-14　行礼

扫码观看步骤详解

（杯泡茶艺　上投法）

注：全书二维码内容因实际情况不同与文中内容略有不同。

三、茶艺鉴赏

为更好地鉴赏茶叶，特别是名优绿茶的外形、汤色等，常采用玻璃杯冲泡。投茶和注水的顺序视茶叶而定，因名优绿茶一般比较细嫩，且很多细嫩芽茶茸毛较多，容易混汤，所以宜采用上投法，上投法水温较低，先注水后投茶的方式，减少茶叶在杯中由于水流水波带动造成的脱毫混汤现象，使冲泡出来的汤色更为清澈明亮。以贵州都匀毛尖为例，具体流程如下。

（一）洁具、赏茶——风雨送春归

旋转洗烫，倾倒于流水茶盘里，冲水行走生风，寓意风雨，茶盘代表大地，比喻春去秋来，茶芽萌动、生长、收获；观赏都匀毛尖白毫显露、紧细卷曲的形状特征。

（二）投茶——飞雪迎春到

将身披白毫茶叶轻缓投入杯中，茶叶吸水后飘飘洒洒，舞姿优美地落入杯中，独具艺术性和观赏性，仿佛美丽的姑娘在舞动独具特色的黔南民族风情。

（三）浸泡——只把春来报

茶在玻璃杯中浸泡2~3min，汤色开始出现浅（嫩）绿的过程，比喻春天到来，万物复苏，一片绿意生机盎然；在热水的浸润下，茶芽渐渐地舒展开来，缓缓沉于杯底。

（四）品饮——她在丛中笑

闻香，观叶底，看汤色的绿度，赏叶底的姿态，可见嫩芽或嫩叶包细芽形状，似在丛中笑，芽叶经历了生长、采摘、加工、冲泡，将香馨味美的茶汤奉献给人们，最后细细品尝，鲜醇爽口，让人心旷神怡。

第二节　中　投　法

一、茶具选配

茶具选配与上投法类似。

二、茶艺流程

备器、布席、行礼、择水、取火、候汤、翻杯和温杯与上投法类似。

（一）注水（第一次）

以细水长流内旋手法向玻璃杯中注水，第一次注水（图5-15）量约为杯具的四分之一。

图5-15　注水（第一次）

（二）赏茶和投茶

赏茶与投茶与上投法类似。

（三）温润

拿起玻璃杯至胸前运动手腕，若是左手主要持杯则左手手腕按顺时针转动茶杯，反之则右手手腕按逆时针转动茶杯，若双手对称捧杯则顺逆皆可，使茶叶充分浸润、吸水膨胀，以便内含物析出（图5-16）。

（四）注水（第二次）

将水注入杯中七分满，与上投法类似（图5-17）。

（五）奉茶、品饮和收具

奉茶、品饮和收具与上投法类似。

图5-16　温润

图5-17　注水（第二次）

扫码观看步骤详解

（杯泡茶艺　中投法）

三、茶艺鉴赏

以黄山毛峰为例，具体流程如下。

（一）温杯——流云拂月

用热水烫洗茶杯，使茶杯冰清玉洁，一尘不染。韦应物诗云：“洁性不可污，为饮涤尘烦”。皎然诗云：“此物清高世莫知”。茶是圣洁之物，茶人要有一颗圣洁之心，茶道器具必须至清至洁。

（二）赏茶——佳茗酬宾

黄山毛峰产于黄山风景区和徽州区，名山名茶相得益彰。黄山毛峰外形酷似雀舌，白毫显露，呈象牙色，芽带一小片金黄色鱼叶，俗称“金黄片”，此为黄山毛峰的外形特征。

（三）注水——飞澈甘霖

拿起水壶，用“回旋注水法”沿杯口内壁均匀回旋一周注水，注到大约杯子容量的四分之一处。

（四）投茶——佳人入宫

将茶叶投入玉洁冰清的茶杯中。苏轼诗云：“戏作小诗君莫笑，从来佳茗似佳人”。茶品如人品，佳茗似佳人。将茶轻置杯中如同请佳人轻移莲步，登堂入室。置茶时切勿使茶叶散落杯外，惜茶，爱茶是茶人应有的修养。

（五）润茶——温润灵芽

双手捧起杯子，若是左手主要持杯则左手手腕按顺时针转动茶杯，反之则右手手腕按逆时针转动茶杯，若双手对称捧杯则顺逆皆可，较轻盈活泼的转动茶杯，起到润泽茶芽的目的，使茶叶吸水舒展，以便在冲泡时促使茶叶内含物迅速析出。

（六）冲泡——凤凰点头（第二次注水）

经过温润的茶芽已经散发出一缕清香，经过三次高低冲泻，使杯中茶叶在水的冲击上下翻滚，促使茶叶内的有效成分迅速浸出，且使茶汤浓度均匀；二是对宾客表示敬意；三点头象征谦逊、真诚，如同行鞠躬礼。

（七）赏茶——雨后春笋·观茶之舞

在开水的浸润下，茶芽渐渐地舒展开来。先是浮在上面，而后又慢慢沉下。茶芽

几浮几沉，直立杯中，犹如万笋林立，千姿百态。娇嫩的茶芽在清碧澄净的茶汤中随波摇曳，仿佛在舞蹈。

（八）奉茶——初奉香茗

客来敬茶是中华民族的优良传统文化，现在我们将这一杯芬芳馥郁的香茗献给佳宾。

（九）赏汤——鉴赏茶汤

双手托杯，缓缓转动杯身，观赏茶汤色泽及茶叶在茶汤中舒展起伏的状态。

（十）闻香——闻香观色

品茶须从色、香、味、形入手。黄山毛峰香气馥郁，清幽的茶香随着袅袅热气缕缕飞出，令人心旷神怡。杯中汤色清澈碧绿，洋溢着大自然绿色的生机。

（十一）品茗——共品香茗

同品佳茗，共话友谊。

（十二）谢礼——谢茶收具

静坐回味，茶趣无穷。

第三节　下　投　法

一、茶具选配

茶具选配与上投法类似。

二、茶艺流程

备器、布席、行礼、择水、取火、候汤、翻杯、温杯、赏茶和投茶与上投法类似。

（一）冲泡

右手提起随手泡，以“回旋注水法”向杯中注入杯子容量七分满的热水，回旋注水一周后可采用凤凰三点头的注水方式也可定点注至七分满，使茶叶充分浸润、吸水膨胀，以便内含物的析出（图5-18）。

（二）奉茶、品饮和收具

奉茶、品饮和收具与上投法类似。

图5-18　冲泡

图5-18　冲泡（续）

扫码观看步骤详解
（杯泡茶艺　下投法）

三、茶艺鉴赏

以西湖龙井为例，具体流程如下。

（一）行礼——焚香静气

即是通过焚香，来营建一个吉祥庄严的气氛，并达到驱赶妄念，平心静气的意图。另外，一般佛茶、禅茶茶艺焚香较多，现代茶艺几乎不再焚香。

（二）净手——涤净心源

茶是纯洁的灵物，在冲泡之前我们要涤心静手，用这清清的泉流，洗净尘俗的凡尘和心中的烦恼，伴着吉祥而安静的心态进入茶境，享受品茶的温馨和愉悦。

（三）温杯——冰心去凡尘

茶是至清至洁，天涵地育的灵物，泡茶需求所用的器皿也有必要不染纤尘。“冰心去凡尘”，即用开水再烫洗一遍正本即是干净的玻璃杯，做到茶杯不染纤尘、一干二净。

（四）赏茶——初展仙姿

今日为我们冲泡的是产自浙江杭州的西湖龙井茶，它色泽碧绿，外形扁平润滑，形似碗钉，汤色碧绿亮堂，香馥如兰，向有形美、色绿、香郁、味醇四绝佳茗之誉。

（五）投茶——清宫迎佳人

我们将玻璃杯比作清宫，茶叶比作佳人，犹如清宫在迎接佳人一般优美动人。

（六）润茶——甘露润莲心

好的绿茶外观嫩如莲心，清代乾隆皇帝把绿茶称为“润莲心”。“甘露润莲心”即在开泡之前先向杯中写入少许的热水，起到润茶的效果。

（七）冲泡——凤凰三点头

冲泡绿茶也讲究冲水，在冲水时水壶有节奏地三起三落，好比是凤凰在向嘉宾致意。

（八）观茶——碧玉沉清江・观茶之舞

茶叶先浮在水面，然后慢慢沉入杯底，我们称之为“碧玉沉清江”。

（九）奉茶——观音捧玉瓶

观音菩萨捧着的白玉净瓶中的水可以消灾祛病，救苦救难，我们将泡好的茶敬奉给客人，预祝好人一生平安。

（十）赏汤——春波展旗枪

观察杯中的茶芽，一芽一叶的称为“旗枪”，一芽两叶的称为“雀舌”，直直的茶芽称为“针”，曲折的称为“眉”，弯曲的茶芽称为“螺”。我们还可以轻轻地摇晃一下茶杯，好像绿精灵在舞蹈，非常生动有趣。

（十一）闻香——慧心悟茶香

龙井茶香郁如兰而胜于兰，乾隆皇帝形容其香好比是“古梅对我吹幽芬”。现在让我们细细地闻一闻这龙井之香，看看能否找到这种茶香袭人的感觉。

（十二）品茗——淡中品至味

绿茶的茶汤纯洁甘鲜淡而有味，它不像红茶那样浓艳醇厚，也不像乌龙茶那样茶韵迷人，但只需我们用心去品，就能从淡淡的绿茶美汤中品出天地间至清、至醇、至真、至美的韵味来。

（十三）谢茶——自斟乐无穷

饮茶之后，似有一种太和之气，弥漫于齿颊之间，此无味之味，乃至味也。

第四节　杯泡茶艺示范

大家好！今天为各位表演的是绿茶茶艺，冲泡的是都匀毛尖。

主要的冲泡器具：随手泡、水盂、玻璃杯、玻璃杯垫、茶叶罐、茶荷、茶拨、茶枕、奉茶盘、茶巾。

下面我开始今天的杯泡法绿茶茶艺演绎。

（一）初识仙姿

都匀毛尖其外形条索紧细卷曲、色泽绿润、白毫显露，有三绿透三黄的特点。其冲泡之后汤色黄绿明亮，香气清幽淡雅，滋味鲜爽醇厚。

（二）精心备具

冲泡名优绿茶，我们宜采用透明无色的玻璃杯，以便更好的欣赏茶叶在杯中上下翻飞，翩翩起舞的仙姿，观赏碧绿的汤色，细嫩的茸毫，领略清新的茶香。

（三）温杯洁具

茶是至清至洁的灵物，所以要求所用器皿也必须至清至洁、一尘不染，即用沸水再烫洗一遍本来洁净的玻璃杯，达到冰清玉洁的极致。

（四）佳茗入宫

用茶拨将茶叶轻轻的拨入玻璃杯中，犹如一位佳人清移莲步，登堂入室，满室生香。

（五）润泽香茗

回旋斟水，向杯中注水少许，以四分之一杯为宜，温润茶叶使之吸水舒展，为将要进行的冲泡打好基础。

（六）高山流水

高提水壶，悬壶高冲，借助水的冲力让茶叶在杯中上下翻飞，翩翩起舞，有利于茶色、香、味的充分发挥。

（七）甘露敬宾

以茶敬客是中华民族的传统习俗，也是茶人应遵循的茶训，我们将精心泡制的新茶与新、老朋友一起邀月共赏，真是一番欢愉，让我们一起领略这大自然所赐予的绿色礼物。

（八）辨香识韵

请各位嘉宾随我一起品啜香茗，品味齿颊留芳，甘泽润喉的感觉。

（1）杯中观色——都匀毛尖汤色翠绿，清澈明亮。

（2）喜闻幽香——香气清嫩。

（3）品啜甘露——滋味鲜爽，回味甘美。

（九）相约再见

鲁迅先生说过，有好茶喝、会喝好茶是一种清福，今天我们在此共饮清茶一杯，实在是难得的缘分，希望不久的一天我们再续茶缘，谢谢大家！

第六章

壶泡茶艺

第一节 壶杯茶艺

一、茶具配置

表6-1 设备及器具清单

项目	名称	材料质地	规格
主泡器	茶壶	紫砂壶或潮州红泥壶	容量110~150mL
备水器	随手泡	金属制品	容量约1000mL
辅助器	品茗茶杯	紫砂制品	容量25mL
	杯托	竹木制品	7.5cm×7.5cm
	茶叶罐	陶瓷制	直径7.5cm，高11cm
	茶匙	竹木制品	长17cm
	茶匙架	竹木制品	长4cm
	茶荷	竹制品	14.5cm×5.5cm
	双层茶盘	竹木制品	50cm×30cm
	水盂	陶瓷或紫砂制品	容量500mL
	茶巾	棉麻织品	30cm×30cm
其他	茶艺桌	木制	120cm×60cm×70cm
	茶艺凳	木制	40cm×30cm×45cm
	奉茶盘	竹木制品	30cm×20cm×2cm

二、茶艺流程

（一）备具

根据表6-1准备主泡器、备水器、辅助器等器具。

（二）布席

以干湿分区基本原则，根据个人习惯或方便操作进行布席。以右手操作为例，如图6-1所示：茶桌中间放双层瓷茶盘，茶壶在右，品茗杯在左；茶叶罐、茶荷放置茶盘左边，水盂、随手泡在茶右边；茶巾置于茶盘正中靠近主泡处。

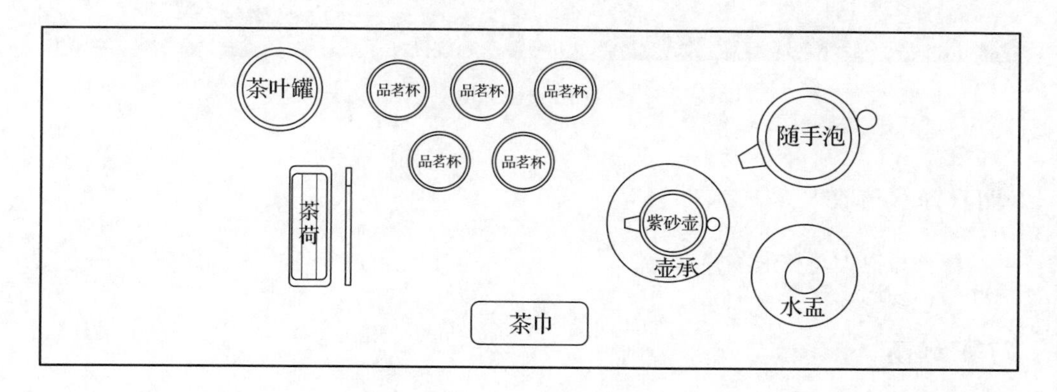

图6-1　布席

潮汕工夫茶一般只用三个品茗杯，体现潮汕人希望家庭稳固、亲朋好友关系能够一直稳如泰山的愿景。

（三）行礼

行礼如图6-2所示。

图6-2　行礼

（四）择水与取火

择水与取火与杯泡茶艺类似。

（五）候汤

候汤与杯泡茶艺类似，即急火煮沸（95~100℃）。

（六）温杯

先开壶盖，单手用拇指、食指和中指拈盖钮而提起壶盖，并沿逆时针轨迹转动拿起，放置茶盘中；单手或双手持壶提碗注水于茶壶中。用以下三种注水手法向茶壶中和连盖壶身冲淋热水，至水流遍壶身，持壶将热水依次倒入品茗杯中（图6-3）。单手持壶将壶中热水依次注满品茗杯，茶壶复位。

图6-3　温杯

1. 回旋注水法

（1）单手回旋注水法　单手提随手泡，用手腕逆时针（右手提壶用）或顺时针回旋（左手持壶用），使水流沿茶壶口（碗杯口）内壁冲入茶壶（碗杯）内。

（2）双手回旋注水法（适宜壶较重的情况）　右手提随手泡，左手垫茶巾托在壶流底部；右手手腕逆时针回旋，使水流沿茶壶口（碗杯口）内壁冲入茶壶（碗杯）内。

（3）回旋低斟高冲注水法（适宜颗粒较为紧实的茶）　先用回旋注水法低斟，再将随手泡提高使水流从茶壶口（碗杯口）侧注入，注入所需水量后提腕断流收水。

2. 凤凰三点头注水法

用双手或单手提随手泡靠近壶口注水，再提腕使随手泡提升，接着压腕将随手泡靠近茶壶继续注水（高冲低斟），反复三次，寓意为向来宾鞠躬三次以示欢迎。

3. 复合式注水法

先回旋低斟，再凤凰三点头，复回旋低斟；先回旋低斟，再高冲，复回旋低斟；先回旋低斟，再高冲，复压腕低斟或先回旋低斟，再凤凰三点头。

端起一只茶杯侧放到邻近一只杯中，大拇指搭杯沿处、中指扣杯底圈足，食指勾动杯外壁转动茶杯即“狮子滚绣球”，使茶杯内外均被开水烫到。

（七）赏茶

赏茶与杯泡茶艺类似。

（八）投茶

右手拿起茶匙将茶叶从茶荷中拨入壶中，以壶容量确定茶量。茶水比视茶类、品饮者口味浓淡而定。

（九）温润

右手持水壶，以“回旋注水法”向壶内注入少量开水（水量约为茶壶容量的1/4），使茶叶充分浸润、吸水膨胀，以便于内含物的析出（图6-4）。浸润时间约为20~60s，具体视茶叶的紧结度而定。

图6-4　温润

（十）冲泡

左手开壶盖，双手用“凤凰三点头法”注水至壶肩，促使茶叶上下翻动（图6-5）。

图6-5　冲泡

（十一）刮沫

用壶盖向内轻刮去壶口表面的浮沫（图6-6）。

（十二）淋壶

水流从壶身外围开始浇淋，向中心绕圈最后淋至盖钮处，提高水壶高冲，直至茶壶外壁受热均匀而足够（图6-7）。

图6-6　刮沫

图6-7　淋壶

判断标准是茶壶嘴开始向外冒水，水壶复位。“淋壶”后静置时间比普通温润泡要长12~20s，视茶紧结程度而定，越紧结的茶延长时间越长。一般青茶头一道需约1min。

（十三）出汤

右手持茶壶，逆时针方向依次将茶汤倒入品茗杯中（图6-8）。

图6-8　出汤

出场时要低、快、匀、尽。“低”是指低斟，低斟是为了不使香气过多散失，避免品茗杯中茶汤泡沫四起；“快”是为了保持茶汤的温度；“匀”是指出汤时手腕逆时针转动，杯杯轮流，使杯中茶汤浓淡一致；“尽”是指不留余水于壶中。出汤完毕，将茶壶放于茶巾上，擦干壶底残水。

（十四）奉茶

按顺序将品茗杯放入奉茶盘，再送到客人面前并行手掌礼，请客人品茗（图6-9）。

图6-9　奉茶

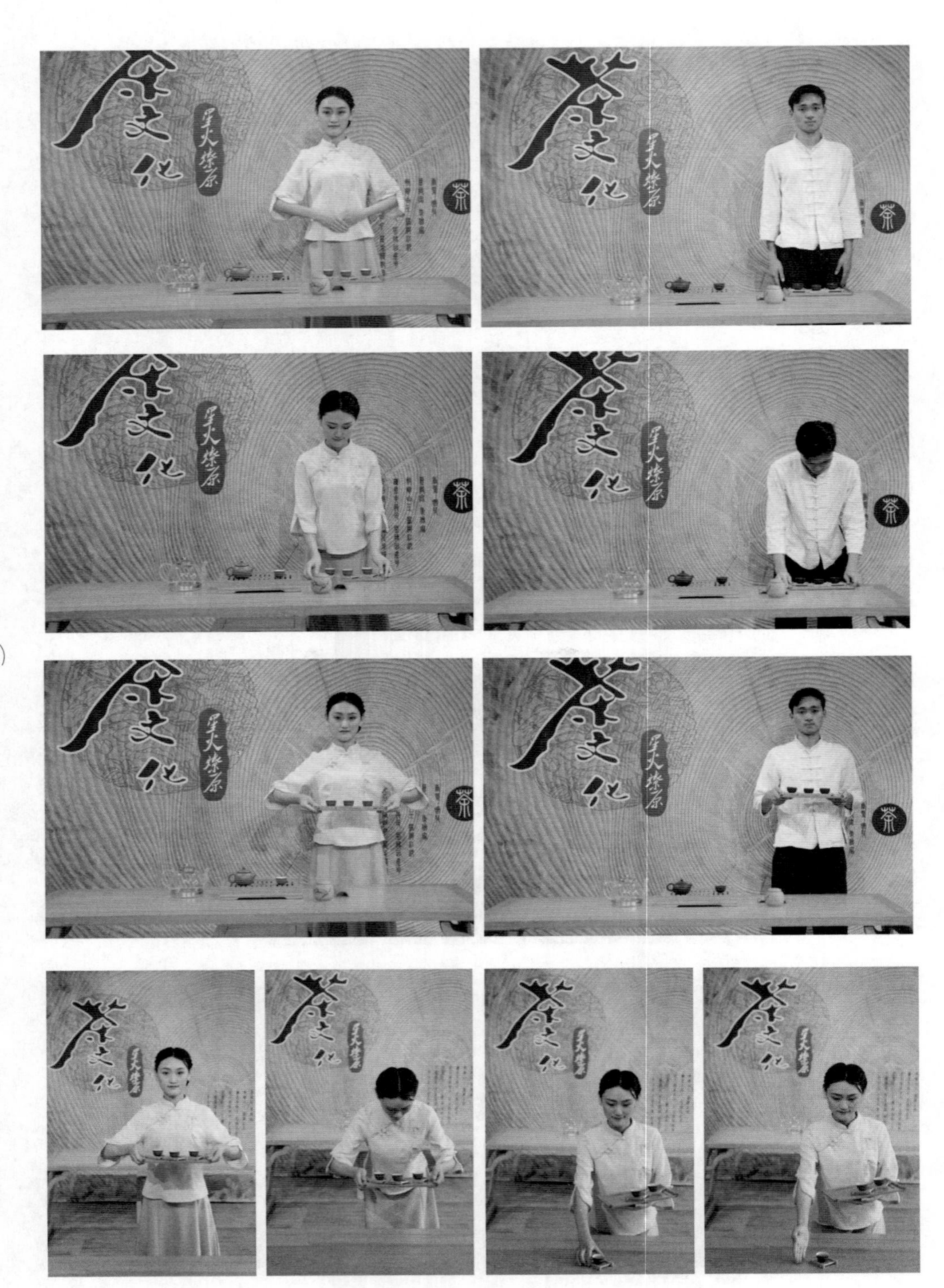

图6-9　奉茶（续）

图6-9 奉茶（续）

（十五）品茶

右手以“三龙护鼎”手法持品茗杯，女士可左手托杯底、右手持杯；看其汤色（图6-10）、闻香气（图6-11）、品滋味（图6-12）。

图6-10 看汤色

图6-11 闻香气

图6-12 品滋味

品饮潮汕工夫茶，与一般品茶方法不同，若是大杯则大口喝，小杯则小口喝。“三龙护鼎”手法，即单手虎口张开，大拇指、食指夹杯身，中指托杯，无名指和小拇指自然弯曲靠向中指。女士可翘起兰花指，或同时以另一只手中指尖托住杯底，其余翘兰花指。

（十六）收具

将所有茶具有序整理收回。

（十七）谢礼

谢礼如图6-13所示。

图6-13 谢礼

扫码观看步骤详解
（壶泡茶艺　壶杯法）

三、茶艺鉴赏

以凤凰单丛为例，具体流程如下。

（一）备具行礼

（二）洁具——孟臣淋霖

“孟臣淋霖”即用沸水浇淋茶壶壶身；意在温壶，提升壶温、杯温。待茶叶放入，香气馥郁，用沸水冲泡，高扬芬芳。

（三）赏茶——鉴赏香茗

凤凰单丛茶出产于广东省潮州市潮安区凤凰镇，因凤凰山而得名，外形条索弯曲壮结，色泽青/黄褐润。

（四）投茶——乌龙入宫

“乌龙入宫”，即用茶匙把茶叶拨入茶壶里面，装茶的顺序应是先细再粗后茶梗；味轻醍醐，香薄兰芷。

（五）注水——悬壶高冲

“悬壶高冲”，也可“凤凰点头”，即执开水壶从高到低，如此重复注水三次，水满壶口为止。意为向客人表示敬意，且使得茶叶翻滚，让内含物质更快浸出使茶汤浓度均匀。

（六）刮沫——刮顶淋眉

“刮顶淋眉”，即用壶盖向内轻刮去壶口表面的泡沫，盖上壶盖，冲去壶顶的泡沫。意为清洗，及使壶内外皆热，营造茶香氛围。

（七）润茶——熏洗仙颜

迅速倒出壶中水，视为润茶，目的是洗去茶叶表面的浮尘，同时使茶叶更便于浸出内含物质和散发香气。

（八）烫杯——若琛出浴

用第一泡茶水烫杯，又谓温杯，转动杯身，如同飞轮旋转，又似飞花观舞。“若琛出浴”，即意为“温杯”或“烫杯”，用第一泡茶水来烫杯；意为清洁茶具，更显礼貌，同时提升温度，有利于茶香挥发。

（九）洒茶——关公巡城·韩信点兵

“关公巡城”，即出汤时循环斟茶，动作似巡城之关羽：先将各个小茶杯呈“一”字、“品”字或“田”字排开，依次来回向各客人杯中斟茶。意为使杯中茶汤浓淡一致，以免厚此薄彼。

“韩信点兵”，即数番“关公巡城”后茶汤将尽，剩余茶汤醇厚浓香，需要将最后几滴茶汤均匀地斟到每一盏中；意为茶中公道，也表现了主人对客人的尊重。

（十）奉茶——敬奉香茗

先敬主宾，或以老幼为序。将品茗杯于茶巾上沾干，置杯托上放于奉茶盘中。

（十一）赏汤——鉴赏汤色

橙黄清澈明亮的汤色。

（十二）闻香——细闻幽香

优雅清高的自然花香气。

（十三）品茗——品啜甘霖

“甘霖”是久旱之后甘甜的雨水，“品啜甘霖”表达茶水很珍贵，先闻香后品尝；

品茶时，“三龙护鼎”、分三口进行，即用拇指与食指扶住杯沿、以中指抵住杯底，“三口方知味，三番才动心”，茶汤的鲜醇甘爽，令人回味无穷。

（十四）收具——涤器撤器

有序收回茶具，行礼。

第二节　壶盅单杯茶艺

一、茶具配置

设备及器具清单如表6-2所示。

表6-2　设备及器具清单

项目	名称	材料质地	规格
主泡器	茶壶	紫砂壶或潮州红泥壶	容量110~150mL
备水器	随手泡	金属制品	容量约1000mL
辅助器	茶盘	竹木制品	50cm×30cm
	茶杯	紫砂制品	容量25mL
	公道杯	紫砂制品	容量220mL
	杯托	竹木或紫砂制品	7.5cm×7.5cm
	壶沉	紫砂或瓷制品	形似大碗
	茶叶罐	陶瓷或紫砂制品	7.5cm×cm
	茶匙	竹木制品	长17cm
	茶匙架	竹木制品	长4cm
	茶荷	竹制品或青瓷制品	14.5cm×5.5cm
	水盂	不限	容量500mL
	茶巾	棉麻织品	30cm×30cm
其他	茶艺桌	木制	120cm×60cm×70cm
	茶艺凳	木制	40cm×30cm×45cm

二、茶艺流程

（一）备器

根据表6-2准备主泡器、备水器、辅助器等器具，与壶杯茶艺类似。

（二）布席

以干湿分区基本原则，根据个人习惯或方便操作进行布席；以右手操作为例，如图6-14所示：茶桌中间靠下放茶席，茶壶在右，公道杯在左，品茗杯加杯托于茶席正前方；随手泡、水盂放置右边，茶荷、茶食放置左边；茶巾置于茶席正中靠近主泡处。

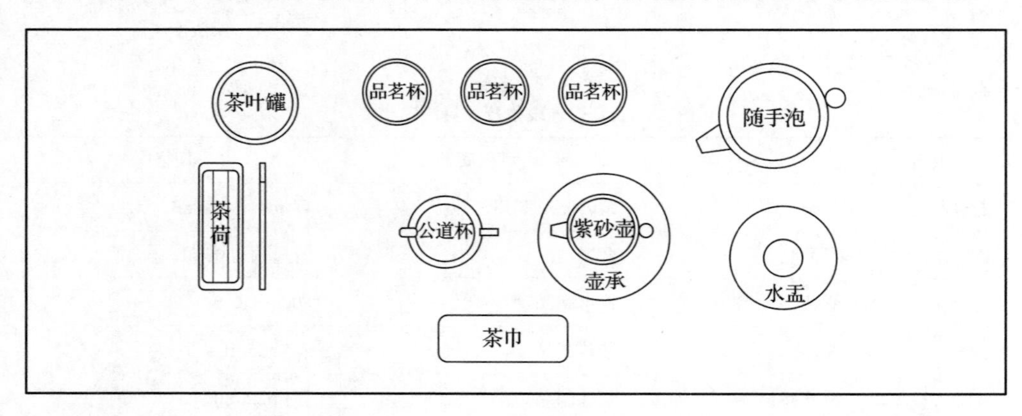

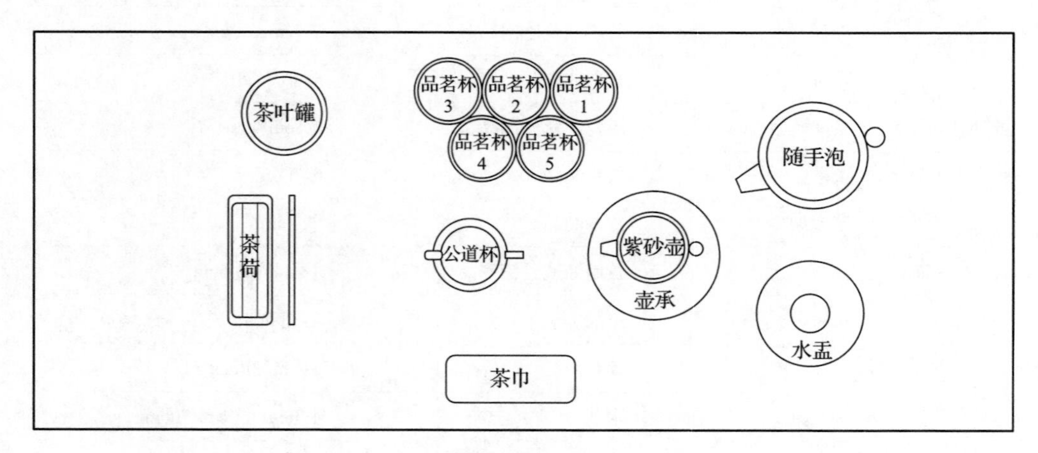

图6-14　布席

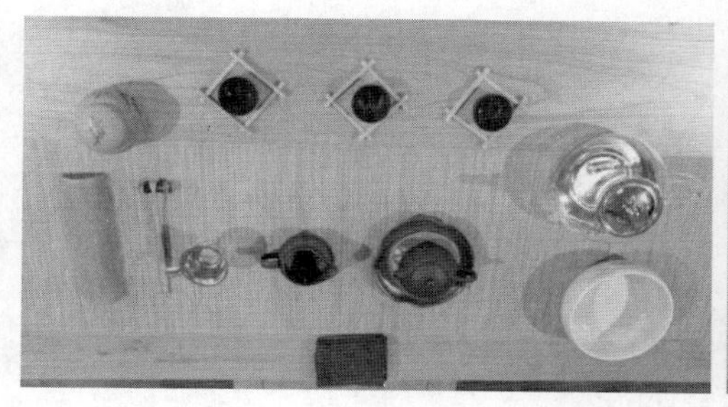

图6-14　布席（续）

（三）行礼

行礼见图6-15。

图6-15　行礼

（四）择水

择水与杯泡茶艺类似。

（五）取火

取火与杯泡茶艺类似。

（六）候汤

候汤与杯泡茶艺类似，即急火煮沸（95~100℃）。

（七）温壶与温盅

用“回旋注水法”向茶壶中和壶身冲淋热水，至水流遍壶身，持壶将壶中热水倒入公道杯中（图6-16、图6-17）。持壶手法：右手大拇指、中指捏住壶把，无名指与小拇指并列抵住中指，食指向前略伸按住盖钮后方。

图6-16 温壶

图6-17 温盅

图6-17　温盅（续）

（八）温杯

以温盅中的水烫杯（图6-18）。持壶手法：单手持盅柄，用大拇指、食指和中指捏住盅柄，若是无柄式公道杯则单手虎口公开握住盅，将温盅的水倒于品茗杯中温杯，再将品茗杯中的水倒于水盂中。

图6-18　温杯

图6-18 温杯（续）

（九）赏茶

赏茶与杯泡茶艺类似。

（十）投茶

投茶与壶杯茶艺类似。

（十一）温润

温润与壶杯茶艺类似。

（十二）冲泡

冲泡与壶杯茶艺类似。

（十三）刮沫

刮沫与壶杯茶艺类似。

（十四）淋壶

淋壶与壶杯茶艺类似。

（十五）出汤

右手持茶壶，逆时针方向将茶汤倒入公道杯中（图6-19）。出汤完毕，将茶壶放于茶巾上，擦干壶底残水。

图6-19　出汤

（十六）分茶

双手拿起公道杯，放于茶巾上沾干杯底水，均匀分于品茗杯中，倒至七分满（图6-20）。

图6-20　分茶

（十七）奉茶

奉茶与壶杯茶艺类似。

（十八）品茶

品茶与壶杯茶艺类似。

（十九）收具

将所有茶具有序整理收回。

（二十）谢礼

谢礼见图6-21。

图6-21　谢礼

扫码观看步骤详解
（壶泡茶艺　壶盅单杯法）

三、茶艺鉴赏

以铁观音为例，具体流程如下。

（一）布具行礼

（二）洁具——烫壶温盅

用沸水把壶、杯淋洗一遍，提高杯盏的温度，以便于茶叶的色、香、味充分体现出来；还表达对客人的恭敬。

（三）赏茶——叶嘉酬宾

铁观音外形紧结重实，色泽砂绿，具有青蒂绿腹带红边，外形似蜻蜓头。清代爱茶的皇帝乾隆品饮此茶后，赞誉道："美如观音重如铁"。

（四）投茶——乌龙入宫

宫，即为壶。将茶叶用茶匙从茶叶罐中拨入紫砂壶中，投放量为壶容积的1/3，如果干茶外形较松散，茶叶需占到壶的一半。

（五）润泡——温润乌龙

烹煮的水温需达到煮沸（由于不同海拔水沸点不同，尽可能烧沸即可），往茶壶中注入沸水，随即茶汤倾入公道杯中。

（六）冲泡——悬壶高冲

茶叶经温润泡后，茶汁呼之欲出，高冲激荡茶，冲之与茶壶口相平，三起三落，即凤凰三点头。

（七）刮沫——春风拂面

用壶盖轻轻刮去壶表面的泡沫，使茶汤更为清澈、洁净。

（八）淋壶——重洗仙颜

水流从壶身外围开始浇淋，向中心绕圈最后淋至盖帽处，提高水壶高冲，直至茶壶外壁受热均匀。

（九）出汤——玉液回壶

茶泡好后，逆时针方向将壶内的茶汤倒入公道杯中。

（十）奉茶——敬奉佳茗

（十一）谢礼

第三节　壶盅双杯茶艺

一、茶具配置

表6-3　设备及器具清单

项目	名称	材料质地	规格
主泡器	茶壶	紫砂壶或潮州红泥壶	容量110~150mL
备水器	随手泡	金属制品	容量约1000mL
辅助器	茶盘	竹木制品	50cm×30cm
	茶杯	紫砂制品	容量25mL
	闻香杯	紫砂制品	容量25mL
	公道杯	紫砂制品	容量220mL
	杯托	竹木或者紫砂制品	10.5cm×5.5cm
	茶叶罐	陶瓷或紫砂制品	7.5cm×9cm
	茶匙	竹木制品	长17cm
	茶匙架	竹木制品	长4cm
	茶荷	竹制品或青瓷制品	14.5cm×5.5cm
	水盂	不限	容量500mL
	茶巾	棉麻织品	30cm×30cm
	壶承	陶瓷制品	形似大碗/盘
其他	茶艺桌	木制	120cm×60cm×70cm
	茶艺凳	木制	40cm×30cm×45cm

二、茶艺流程

（一）备器

根据表6-3准备主泡器、备水器、辅助器等器具。

（二）布席

以干湿分区基本原则，根据个人习惯或方便操作进行布席。以右手操作为例，如图6-22所示：紫砂壶、公道杯放置茶席中后（靠近主泡）；用双手将品茗杯、闻香杯翻正放置茶席前部横列或梅花形摆放；茶巾置于茶席正中靠近主泡处。

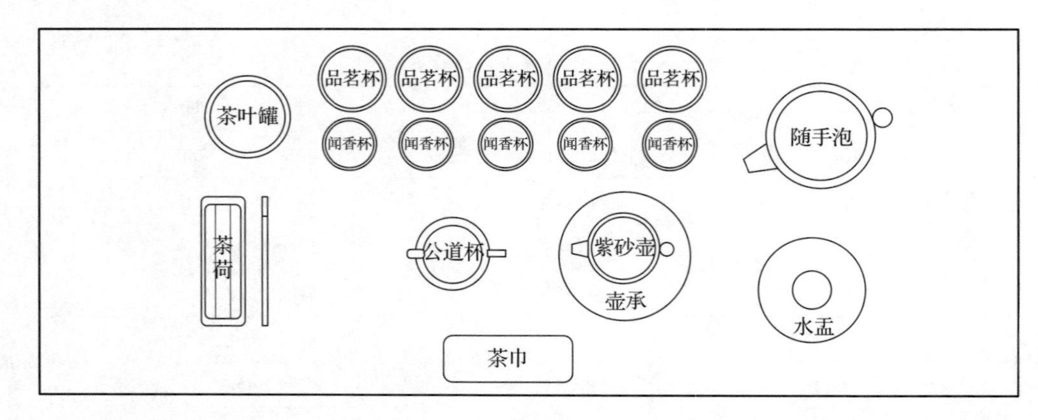

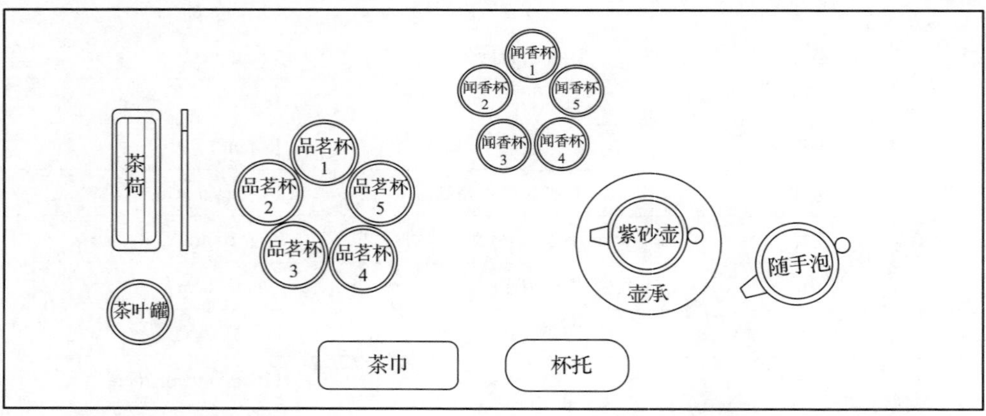

图6-22 布席

若茶具带有花纹，应使花纹面对向客人，将其最好的一面展现给客人，表示对客人的尊重。

（三）行礼

行礼见图6-23。

图6-23　行礼

（四）择水

择水与杯泡茶艺类似。

（五）取火

取火与杯泡茶艺类似。

（六）候汤

急火煮沸至初沸（约90℃），需要低温泡茶时，初沸后熄火，待水温降低。

（七）温壶

用“回旋手法”向茶壶中和壶身冲淋热水，至水流遍壶身（图6-24）；持壶将水倒入公道杯中。

图6-24 温壶

（八）温盅与温杯

用公道杯中的水温盅，再以温盅中的水温杯（图6-25）。

图6-25 温盅与温杯

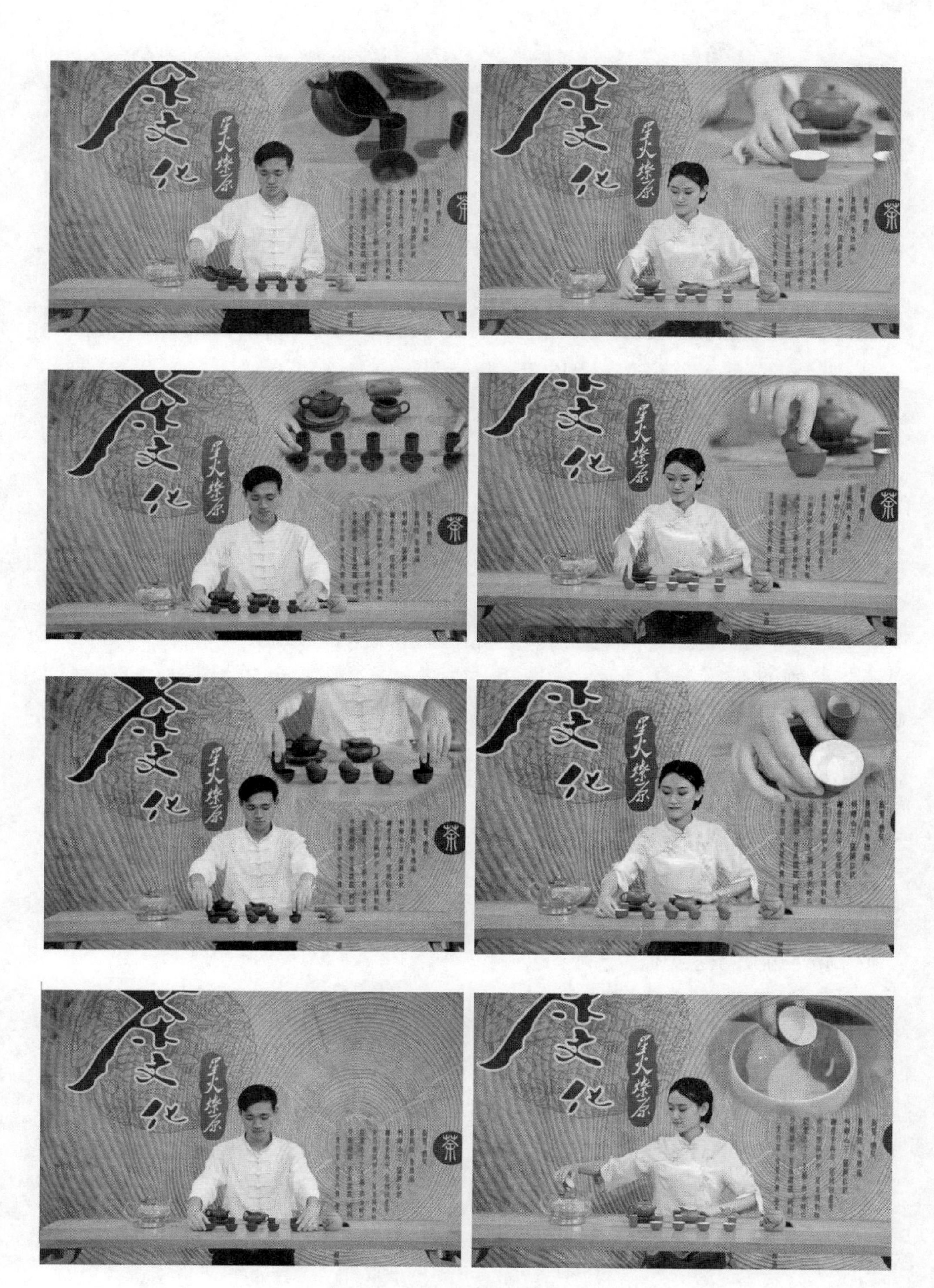

图6-25 温盅与温杯（续）

图6-25　温盅与温杯（续）

（九）取茶与赏茶

取茶与赏茶与壶杯茶艺类似。

（十）投茶

投茶与壶杯茶艺类似。

（十一）温润

温润与壶杯茶艺类似。

（十二）冲泡

冲泡与壶杯茶艺类似。

（十三）刮沫

刮沫与壶杯茶艺类似。

（十四）淋壶

与壶杯茶艺类似。

（十五）出汤

将茶汤倒入公道杯。

（十六）分茶

将公道杯中的茶汤倒入闻香杯，拿起品茗杯倒扣在闻香杯上（图6-26）。

图6-26　分茶

（十七）翻杯

中指和食指夹住闻香杯，大拇指放在品茗杯底部迅速翻转（图6-27）。翻杯时用单手、双手皆可。

图6-27　翻杯

图6-27　翻杯（续）

（十八）奉茶

从左到右，将闻香杯、品茗杯端起放入奉茶盘茶托上，敬茶给客人并行伸掌礼(图6-28)。

图6-28　奉茶

图6-28　奉茶（续）

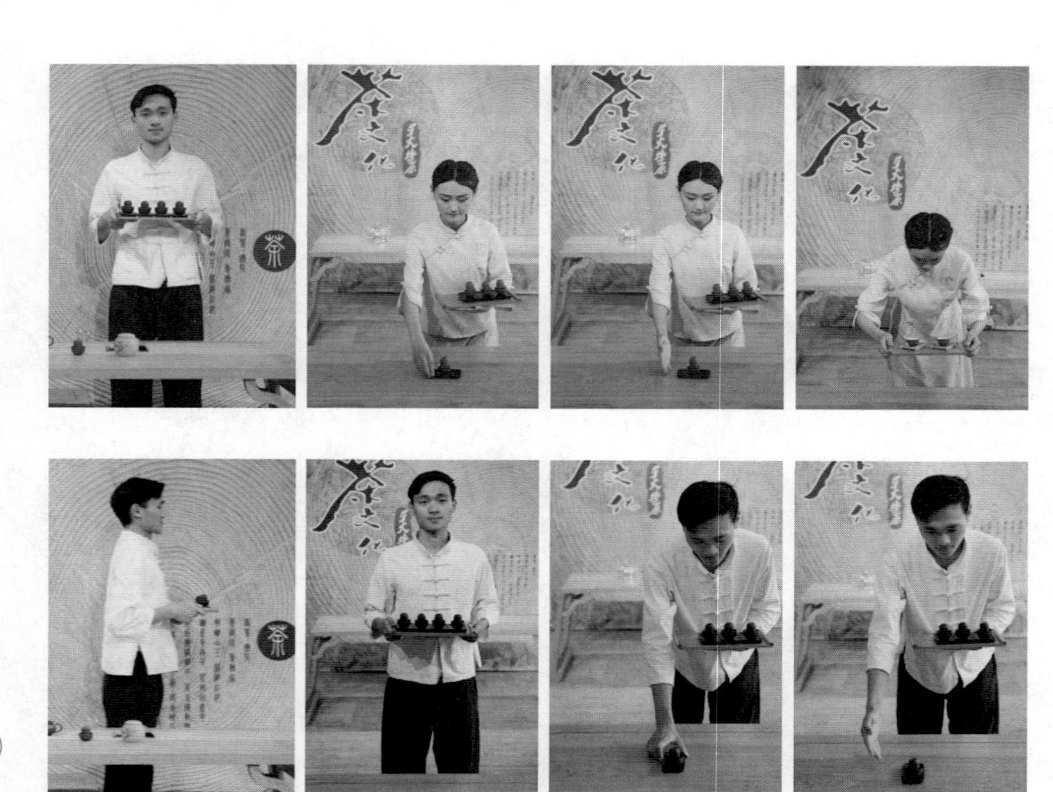

图6-28　奉茶（续）

（十九）品茗

以左手拇指、食指从品饮杯侧轻轻下按，右手拇指、食指和中指反手并顺时针旋转从闻香杯中下部提杯，使杯口朝上；先持闻香杯嗅闻香气（图6-29），再持品饮杯观色、品味。

图6-29　闻香气

图6-29　闻香气（续）

闻香杯持法，即单手虎口张开大拇指和其余四指扶住杯身，置于鼻前闻香；或双手掌心相对虚拢成合十状，除拇指外的其余四指捧杯置鼻前闻香。

（二十）收具

收具与杯泡茶艺类似。

（二十一）谢礼

谢礼见图6-30。

图6-30　谢礼

扫码观看步骤详解
（壶泡茶艺　壶盅双杯法）

三、茶艺鉴赏

以铁观音为例，具体流程如下。

（一）赏具——孔雀开屏

孔雀开屏以展示自己的美丽，借这道程序为大家介绍今天所用茶具。紫砂壶，具有特殊双重气孔，能充分发挥铁观音的香和韵。

（二）温杯——沐浴候福音

泡茶的器皿必须清洁、干净无异味，所以泡茶前用滚开水淋壶烫杯称为沐浴候福音。

（三）赏茶——叶嘉酬宾

叶嘉是苏东坡对茶叶的美称，铁观音紧结重实，色泽砂绿鲜润，有“美如观音重如铁，绿叶红镶边，七泡有余香”的美誉，是乌龙茶中的珍品。

（四）投茶——观音入宫

将茶叶置入壶中，一般投入壶的1/3或1/2为佳。

（五）润茶——初茗奉神灵

烹煮的水温需达到100℃，往茶壶中注入沸水随即茶汤倾入公道杯中。

（六）冲泡——玉女赐甘泉

（七）刮沫——春风拂面

提起杯盖，轻轻地在壶面上绕一圈，把浮在面上的沫刮去，然后右手提随手泡把瓯盖冲净。

（八）出汤——温心含玉露

将茶汤倒入公道杯中。

（九）分茶——祥龙行雨

把茶水依次均匀地斟入闻香杯里，斟茶时应低行以免香味失散。

（十）扣杯——龙凤呈祥

将品茗杯倒扣在闻香杯上。

（十一）翻杯——龙凤飞舞

将品茗杯和闻香杯倒扣过来。“龙凤”寓意着吉祥美好借此以表达对客人的祝福。

（十二）奉茶——敬奉香茗

手端起茶盘彬彬有礼地向客人敬奉香茗。

（十三）闻香——天香薄兰芷

铁观音因独特的地理气候条件和独特的工艺而具有神秘的天然芳香，其香气随温度变化而不同，轻轻旋出闻香杯，借助闻香杯先嗅其香；用心感悟，可以闻到如兰花般清幽的香气，还有淡淡的奶香；香气变幻莫测，沁人心脾。

（十四）品茗——甘醇品韵味

端品茗杯观其汤色，尝滋味时细细啜上一口，让茶汤与味蕾充分接触顿觉齿颊留香，喉底回甘，心旷神怡。

（十五）谢茶

第四节　壶泡茶艺示范

大家好！今天为大家带来一段乌龙茶基础茶艺，请欣赏（行礼）。

主要的冲泡器有：

茶盘、随手泡、紫砂壶、闻香杯、双杯杯垫、茶荷、茶夹、公道杯、品茗杯、茶拨、茶枕、茶巾、奉茶盘。

1．烧水——活煮甘泉

活煮甘泉，即用旺火来煮沸壶中的山泉水。

2．赏茶——叶嘉酬宾

“叶嘉”是苏东坡对茶叶的美称，叶嘉酬宾，就是请大家鉴赏乌龙茶的外观形状。今天我为大家冲泡的是来自福建安溪的铁观音，其外形颗粒紧结、色泽砂绿油润，兰花香气袭人，音韵显。

3．温壶——大彬沐淋

时大彬是明代制作紫砂壶的一代宗师，他所制作的紫砂壶被历代茶人叹为观止，视为至宝，所以后人都把名贵的紫砂壶称为大彬壶。大彬沐淋就是用开水浇烫茶壶，其目的是洗壶和提高壶温。

4．投茶——乌龙入宫

我们把乌龙茶引入紫砂壶内称为乌龙入宫。

5．冲水——高山流水

冲泡乌龙茶讲究“高冲水，低斟茶。”高山流水即悬壶高冲，借助水的冲力使茶叶在茶壶内随水浪翻滚达到洗茶的目的。

6. 刮壶——春风拂面

“春风拂面”是指用壶盖轻轻地刮去冲水时所翻起的白色泡沫，使壶内的茶汤更加清澈洁净。

7. 淋壶——祥龙行雨

用沸水淋壶，提高壶温，彰显壶中茶叶的香气和滋味。

8. 洗杯——龙凤涤尘

温洗闻香杯和品茗杯，以表对评委老师的尊敬。

9. 分茶——观音出海

将茶汤倒入公道杯中，然后均分到每一个闻香杯中。我们崇尚礼仪，茶人更是处处以礼为先，在分茶的过程中也有茶之礼仪，我们“斟茶只斟七分满”就是以礼待客的一种表达。其中妙意当您端起茶杯时便可受用。

10. 合杯——龙凤呈祥

将品茗杯倒扣在闻香杯上，称为龙凤呈祥。

11. 翻杯——鲤鱼翻身

中国古代神话传说：鲤鱼翻身越过龙门可化龙升天而去。我们借助这道程序祝福大家家庭和睦，事业飞黄腾达！

12. 奉茶——敬奉香茗

这道程序是通过敬茶使大家心贴得更近，感情更亲近，气氛更融洽。

13. 闻香——喜闻高香

将闻香杯以轻旋的方式轻轻提起，双手拢杯闻香。喜闻高香是指闻头泡的茶香，看看这头泡茶汤是否香高新锐而无异味。

14. 观汤——鉴赏汤色

鉴赏汤色是观赏品茗杯中的茶汤是否清亮、艳丽、呈淡黄色。

15. 品茶——品啜甘露

品茶分三口，茶汤入口后不要马上咽下，而是吸气，使茶汤在口腔中翻滚流动，让茶汤与舌根、舌尖、舌面、舌侧的味蕾都充分接触，以便能更精确地品悟出奇妙的茶味来。

到此，我的茶艺展示结束，谢谢评委老师的观赏。

第七章 碗泡茶艺

第一节 碗杯茶艺

一、茶具配置

设备及器具清单如表7–1所示。

表7–1 设备及器具清单

项目	名称	材料质地	规格
主泡器	白瓷盖碗	白瓷或白底花瓷制品	容量150mL
备水器	随手泡	金属制品	容量约1000mL
辅助器	茶盘	竹木制品	50cm×30cm
	双层茶盘	白瓷或白底花瓷制品	圆形，下层可贮水
	品茗杯	白瓷或白底花瓷制品	容量30mL
	杯托	白瓷、青瓷或竹木制品	7.5cm×7.5cm
	茶叶罐	陶瓷制品	8cm×16cm
	茶匙	竹木制品	长17cm
	茶匙架	竹木制品	长4cm
	茶荷	竹制品或白瓷制品	14.5cm×5.5cm
	水盂	不限	容量500mL
	茶巾	棉麻织品	30cm×30cm
其他	茶艺桌	木制	120cm×60cm×70cm
	茶艺凳	木制	40cm×30cm×45cm

因煮水器中红泥炭炉不易得，在茶艺表演时常用酒精炉代替。表演时要注意保持通风良好。盖碗泡乌龙茶在广东潮州一带比较流行，特别是清香型的“凤凰水仙”及“凤凰单丛”，风味极佳。这种泡法也适用于其他高香、轻发酵、轻焙火的乌龙茶。

二、茶艺流程

（一）备具

根据表7-1准备主泡器、备水器、辅助器等器具。

（二）布席

以干湿分区基本原则，根据个人习惯或方便操作进行布席。以右手操作为例，如图7-1所示：泡茶台居中位置摆放双层瓷茶盘，盖碗在右，三个品茗杯在瓷茶盘上呈品字状摆放，在泡茶台右边放置一个水盂，其他与壶杯茶艺类似。

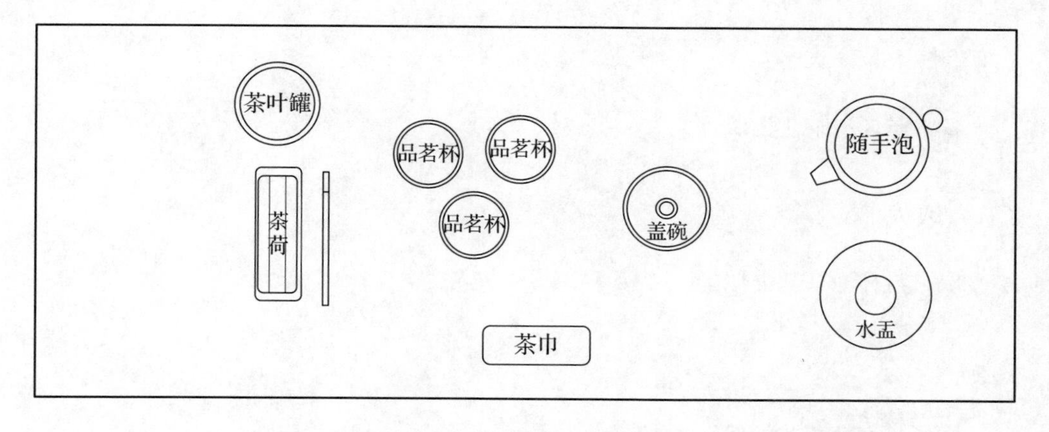

图7-1　布席

（三）行礼

行礼如图7-2所示。

图7-2　行礼

（四）备水

备水与杯泡茶艺类似。

（五）取火

取火与杯泡茶艺类似。

（六）候汤

候汤与壶杯茶艺类似。

（七）温杯

揭盖注水（手法与壶杯茶艺类似），右手持碗将碗内的水巡回倒入三个品茗杯中，再将品茗杯中的水倒出（图7-3）。

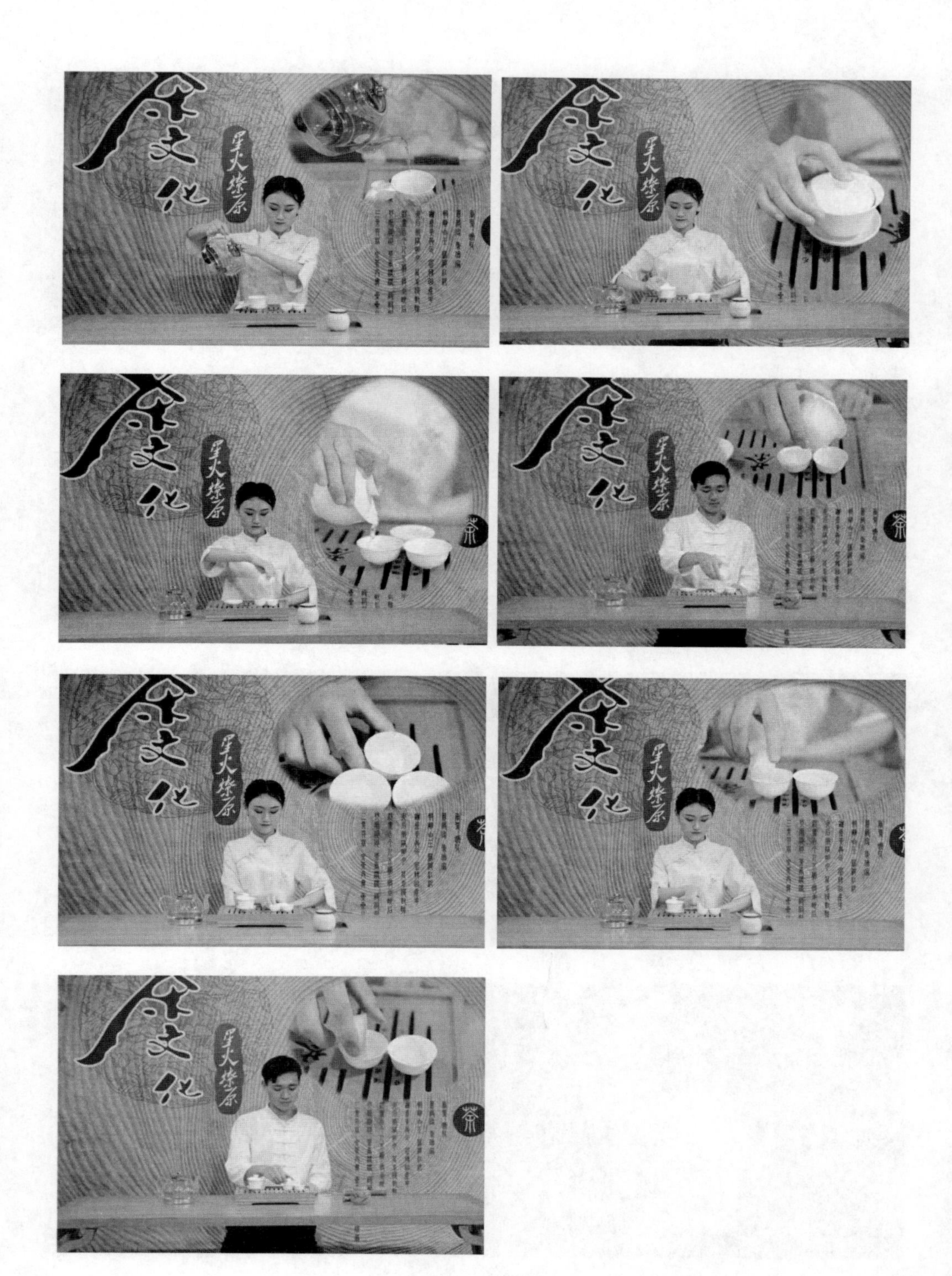

图7-3　温杯

将食指放在盖帽内，大拇指与中指夹在盖帽两侧提盖，同时向内转动手腕（左手顺时针，右手逆时针）会转一圈，将碗盖斜放在碗托一侧。

（八）取茶与赏茶

取茶与赏茶与壶杯茶艺类似。

（九）投茶

投茶与壶杯茶艺类似。

（十）温润

右手持水壶回转手腕向盖碗内注水，应使水流顺着碗沿打圈冲入至满；右手提碗盖由外向内刮去浮沫，之后迅速加盖；右手三指提盖碗，将温润泡的热水倒进茶船，顺势将盖碗浸入茶船（图7-4）。

图7-4　温润

图7-4 温润（续）

（十一）冲泡

冲泡与壶杯茶艺类似。

（十二）分茶

右手三指提拿盖碗先到茶巾上按一下，吸尽盖碗外壁残水；不必除盖子，用“关公巡城”手法将茶汤分入三个品茗杯；观察各杯茶汤颜色，用“韩信点兵”手法滴最后几滴茶汤来调节浓度（图7-5）。

图7-5 分茶

图7-5　分茶（续）

（十三）奉茶

奉茶与壶杯茶艺类似。

（十四）品饮

品饮与壶杯茶艺类似。

（十五）收具

收具与壶杯茶艺类似。

（十六）谢礼

谢礼如图7-6所示。

图7-6　谢礼

扫码观看步骤详解
（碗泡茶艺　碗杯法）

三、茶艺鉴赏

以凤凰单丛为例，具体流程如下。

（一）赏茶——鉴赏香茗

凤凰单丛茶出产于凤凰镇，因凤凰山而得名，外形弯曲壮结，青/黄褐油润。

（二）温杯——白鹤沐浴

用开水洗净茶具，并提高茶具的温度。

（三）投茶——乌龙入宫

味轻醍醐，香薄兰芷，将茶叶用茶匙拨入茶碗，装茶的顺序应是先细再粗后茶梗。

（四）注水——悬壶高冲

向盖瓯中注水，水满碗口为止。

（五）烫杯——白鹤沐浴

用第一泡茶水烫杯，又谓“温杯”，转动杯身，如同飞轮旋转，又似飞花欢舞。

（六）分茶——关公巡城、韩信点兵

循环斟茶，茶碗似巡城的关羽。

（七）敬奉香茗——奉茶

先敬主宾，或以老幼为序。

（八）赏汤——鉴赏汤色

橙黄清澈明亮的汤色。

（九）闻香——细闻幽香

优雅清高的自然花香气。

（十）品茗——品啜甘霖

“甘霖”是久旱之后下得甘甜的雨水，前人用“品啜甘霖”是为了告诉我们，茶水很珍贵的，喝茶时不要一口喝完，应分三口来细细品尝，才能感受到茶的美好滋味。

（十一）收具

收具与壶杯茶艺类似。

第二节　碗盅单杯茶艺

一、茶具配置

设备及器具清单如表7-2所示。

表7-2　设备及器具清单

项目	名称	材料质地	规格
主泡器	盖碗	白瓷或白底花瓷制品	容量150mL
备水器	随手泡	金属制品	容量约1000mL
辅助器	茶盘	竹木制品	50cm×30cm
	公道杯	白瓷或白底花瓷制品	容量220mL
	水盂	不限	容量500mL
	品茗杯	白瓷或白底花瓷制品	6.5cm×4.5cm

续表

项目	名称	材料质地	规格
辅助器	杯托	白瓷或竹木制品	7.5cm×7.5cm
	茶叶罐	陶瓷制品	8cm×16cm
	茶匙	竹木制品	长17cm
	茶匙架	竹木制品木制	长4cm
	茶荷	竹制品或青白瓷制品	14.5cm×5.5cm
其他	茶艺桌	木制	120cm×60cm×70cm
	茶艺凳	木制	40cm×30cm×45cm

二、茶艺流程

（一）备具

根据表7–2准备主泡器、备水器、辅助器等器具。

（二）布席

以干湿分区基本原则，根据个人习惯或方便操作进行布席。以右手操作为例，如图7–7所示：在泡茶台台面右下放置水盂，台面居中位置摆放茶盘，盖碗、公道杯放置茶盘中后处，品茗杯放置茶盘最前方，其他与壶杯茶艺类似。

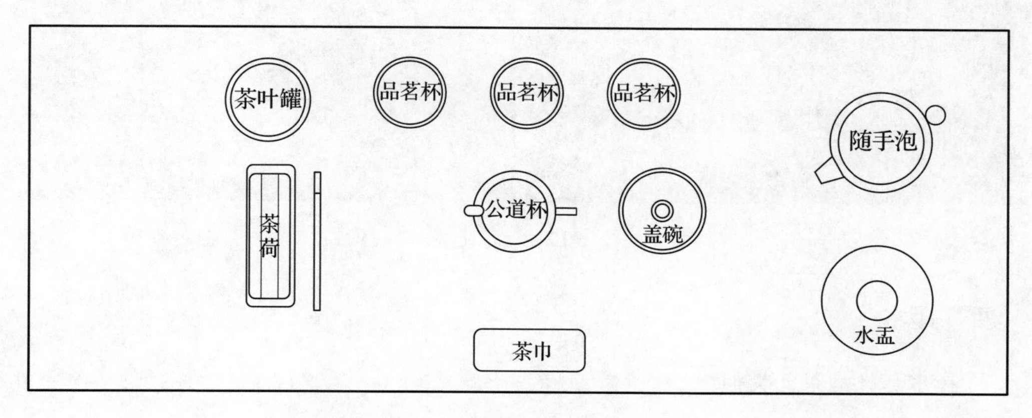

图7–7　布席

图7-7　布席（续）

（三）行礼

行礼如图7-8所示。

图7-8　行礼

（四）择水

择水与杯泡茶艺类似。

（五）取火

与杯泡茶艺类似。

（六）候汤

急火煮沸（95～100℃）。

（七）温杯

与壶杯茶艺类似。揭盖注水，右手持碗将碗内水倒入公道杯，然后倒入品茗杯中（图7-9）。

图7-9　温杯

图7-9 温杯（续）

图7-9　温杯（续）

（八）取茶与赏茶

取茶与赏茶与壶杯茶艺类似。

（九）置茶

置茶与碗杯茶艺类似。

（十）温润

右手提随手泡回转手腕向盖碗内注水，可用高山流水式或凤凰三点头式，盖好碗盖（图7-10），将茶汤倒入公道杯。

图7-10　温润

图7-10　温润（续）

（十一）冲泡

冲泡与壶杯茶艺类似。

（十二）斟茶

右手持碗将茶汤倒入公道杯，再将茶汤分倒入品茗杯中（图7-11）。

图7-11　斟茶

图7-11　斟茶（续）

（十三）奉茶

奉茶与壶杯茶艺类似。

（十四）品饮

品饮与壶杯茶艺类似。

（十五）收具

收具与壶杯茶艺类似。

（十六）谢礼

谢礼如图 7-12 所示。

图 7-12　谢礼

扫码观看步骤详解
（碗泡茶艺　碗盅单杯法）

三、茶艺鉴赏

以茉莉花茶为例，具体流程如下。

（一）备具——三才待客

将杯盖喻为天，杯身喻为人，杯托喻为地，茶人们认为，只有三才合一，方能孕育出茶之精华。

（二）温杯——春江水暖鸭先知

“竹外桃花三两枝，春江水暖鸭先知”，在冲泡之前沸水洁具，在提升器具温度的同时，以表达茶艺师对嘉宾的尊敬之意。

（三）赏茶——花香绿叶相扶持

茉莉花茶干茶外形条索紧细匀整，经过窨制之后，更添一种温柔之香，既保持了浓郁爽口的茶味，又有鲜灵芬芳的花香，冲泡品啜，花香袭人，甘芳满口，令人心旷神怡。

（四）投茶——落英缤纷玉怀里

茉莉花茶讲究香醇，投茶3g；该茶香气浓郁、外形秀美、滋味醇和、爽口宜人。

（五）润茶——疏影横斜水清浅

以回转手法将少量的水注入杯中，使茶叶充分浸润，轻柔温暖的水像春风使茶芽舒展，宛如人间绿色渐染，给我们无限的遐思。

（六）摇香——暗香浮动月黄昏

轻轻摇动杯身，花香、茶香得到更好的融合。

（七）冲泡——春潮带雨晚来急

沸水从壶中直泻而下，注入碗中，碗中的茉莉花茶随之翻滚，恰似“春潮带雨晚来急”。

（八）分茶——情深款款

不如仙山一啜好，泠然便欲乘风飞；茶能提神、清心；茶中有道，茶已泡好，安静候君来。

（九）奉茶——一盏香茗奉知己

现在我们为您奉上这次冲泡的茉莉茶。

（十）品茗——舌端甘苦入心底

让茶水在口中往返片刻，充分与舌内味蕾接触，慢慢体会它对我们的口腔，乃至心灵的呵护和体贴。

（十一）谢礼——回眸一笑·收具谢语

有缘再相聚，所有的别离都是为了更好的相聚，期待在未来的日子里，与茉莉茶再次相遇相聚，更期待大家与茶相知、相惜、相爱。

第三节　碗盅双杯茶艺

一、茶具配置

设备及器具清单如表7-3所示。

表7-3　设备及器具清单

项目	名称	材料质地	规格
主泡器	盖碗	白瓷或白底花瓷制品	容量150mL
备水器	随手泡	金属制器	容量约1000mL
辅助器	茶盘	竹木制品	50cm×30cm
	茶杯	白瓷或白底花瓷制品	容量25mL
	闻香杯	白瓷或白底花瓷制品	容量25mL
	公道杯	白瓷或白底花瓷制品	容量220mL
	杯托	白瓷或竹木制品	10.5cm×5.5cm
	茶叶罐	陶瓷制品	7.5cm×9cm
	茶匙	竹木制品	长17cm

续表

项目	名称	材料质地	规格
辅助器	茶匙架	竹木制品	长4cm
	茶荷	竹制品或青瓷制品	14.5cm×5.5cm
	水盂	不限	容量500mL
	茶巾	棉麻织品	30cm×30cm
其他	茶艺桌	木制	120cm×60cm×70cm
	茶艺凳	木制	40cm×30cm×45cm

二、茶艺流程

（一）备具

根据表7-3准备主泡器、备水器、辅助器等器具。

（二）布席

以干湿分区基本原则，根据个人习惯进行布席。以右手操作为例，如图7-13所示：茶桌中间摆放茶盘；盖碗置于茶盘上右侧，品茗杯在前，闻香杯在后，其他与碗盅单杯茶艺类似。

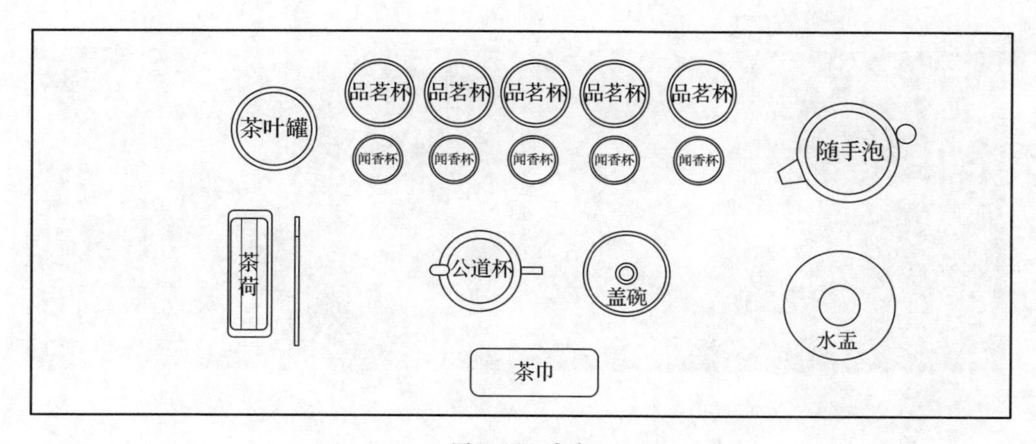

图7-13　布席

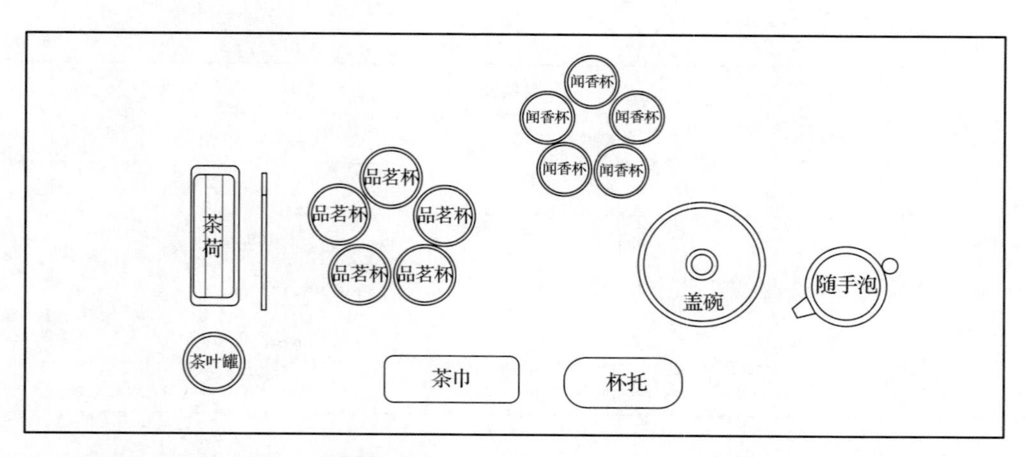

图7-13　布席（续）

（三）行礼

行礼如图7-14所示。

图7-14　行礼

（四）备水

备水与杯泡茶艺类似。

（五）取火

取火与杯泡茶艺类似。

（六）候汤

候汤与壶杯茶艺类似。

（七）温杯

提随手泡用回旋手法向盖碗中注入热水，将盖碗中的水倒入公道杯后，再将公道杯中的水倒入闻香杯中，最后将闻香杯中的水倒入品茗杯（图7-15）。

图7-15　温杯

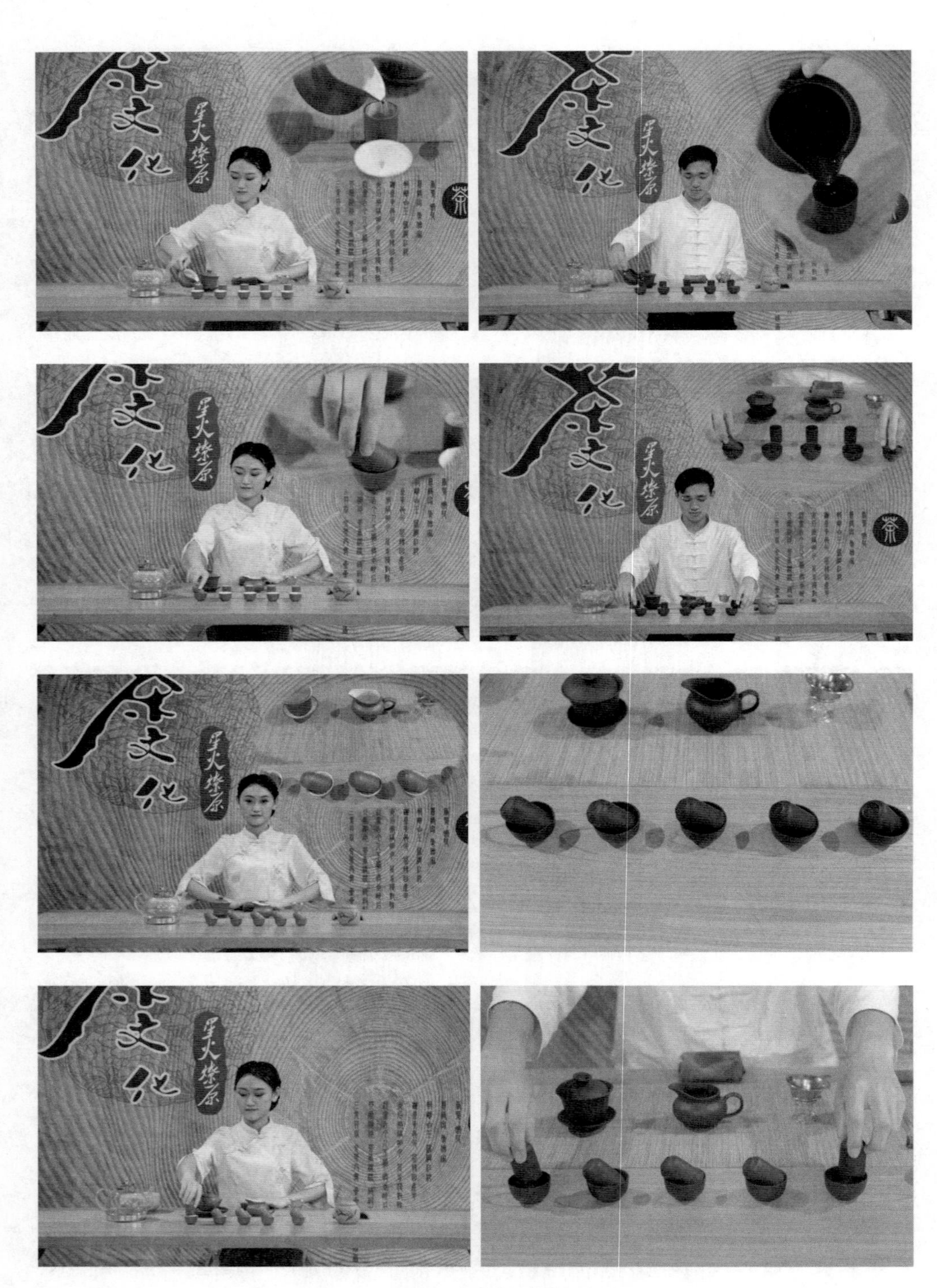

图7-15　温杯（续）

图7-15　温杯（续）

（八）取茶与赏茶

取茶与赏茶与壶杯茶艺类似。

（九）置茶

置茶与壶杯茶艺类似。

（十）温润

温润与碗杯茶艺类似。

（十一）冲泡

冲泡与壶杯茶艺类似。

（十二）出汤

将茶滤置于公道杯上，右手持碗将茶汤倒入公道杯。

（十三）分茶

分茶与壶盅双杯茶艺类似。

（十四）翻杯

翻杯与壶盅双杯茶艺类似。

（十五）奉茶

奉茶与壶盅双杯茶艺类似。

（十六）品饮

品饮与壶盅双杯茶艺类似。

（十七）收具

收具与壶盅双杯茶艺类似。

（十八）谢礼

谢礼如图7-16所示。

图7-16　谢礼

扫码观看步骤详解

（碗泡茶艺　碗盅双杯法）

三、茶艺鉴赏

以铁观音为例，具体流程如下。

（一）候汤——收具谢语

“活水还须活火烹”活煮甘泉，即用旺火来煮沸壶中的山泉水。

（二）赏茶——叶嘉酬宾

鉴赏茶叶，可看其外形、色泽，以及嗅闻香气。这是铁观音，其颜色青中常翠，外形为包揉形，以匀称、紧结、完整为上品。

（三）温杯——若琛出浴

茶是至清至洁，天寒地域的灵物，用开水烫洗一下，本来就已经干净的品茗杯和闻香杯。使杯身杯底做到至清至洁，一尘不染，也是对各位嘉宾的尊敬。

（四）投茶——乌龙入宫

茶似乌龙，壶似宫殿，取茶通常取壶的二分之一处。这主要取决于大家的浓淡口味，诗人苏轼把乌龙入宫比做佳人入室，他言“细作小诗君勿笑，从来佳茗似佳人”，在诗句中把上好的乌龙茶比作让人一见倾心的绝代佳人，轻移莲步，使得满室生香，形容乌龙茶的美好。

（五）冲泡——高山流水

冲泡乌龙茶讲究高冲水，低斟茶。

（六）出汤——游山玩水

工夫茶的浸泡时间非常讲究，过长苦涩，过短则无味，因此要在最佳时间将茶汤倒出。

（七）分茶——祥龙行雨

取其“甘霖普降”的吉祥之意。“凤凰点头”象征着向各位嘉宾行礼致敬。

（八）扣杯——珠联璧合

我们将品茗杯扣于闻香杯上，将香气保留在闻香杯内，称为“珠联璧合”。在此祝各位嘉宾家庭幸福美满。

（九）翻杯——鲤鱼翻身

中国古代神话传说，鲤鱼翻身跃过龙门可化龙升天而去，我们借这道程序，祝福在座的各位嘉宾跳跃一切阻碍，事业发达。

（十）奉茶——敬奉香茗

坐酌淋淋水，看间涩涩尘，无由持一碗，敬于爱茶人。

（十一）闻香——喜闻幽香

请各位轻轻提取闻香杯，花好月圆，把高口的闻香杯放在鼻前轻轻转动，你便可喜闻幽香，高口的闻香杯里如同开满百花的幽谷，随着温度的逐渐降低，可闻到不同的芬芳。

（十二）赏汤——鉴赏汤色

铁观音的汤色呈金黄明亮。

（十三）品茗——细品佳茗

一口玉露初品，茶汤入口后不要马上咽下，而应吸气，使茶汤与舌尖、舌面的味蕾充分接触。第二口好事成双，这口主要品茶汤过喉的滋味，是鲜爽、甘醇还是生涩平淡；第三口您可一饮而下。希望各位在快节奏的现代生活中，充分享受那幽情雅趣，让忙碌的身心有个宁静的回归。

（十四）谢礼

第四节　碗泡茶艺示范

大家好！今天我为大家带来一段红茶茶艺，冲泡的是贵州红茶。

主要冲泡用具有三才杯、公道杯、随手泡等。下面我开始碗泡法红茶茶艺演绎。

1．赏茶——茶觅知音

红茶条细紧秀，色泽乌润，金毫显露，汤色红艳明亮，滋味鲜醇甘厚，回味悠长。

2．洁具——洗涤凡尘

茶乃圣洁之物，茶人自然要有一颗圣洁之心，茶道器具也必须至清至洁。所以泡茶之前，要先用热水烫洗茶杯，使茶杯冰清玉洁，一尘不染。同时我们想通过这个形式，洗涤心中的烦劳，精心进入我们的品茗艺境。

3．洗茶——雨露滋润

即向杯中注入少许开水，润泽茶叶，这一道茶汤我们一般不喝。温润的目的是使茶叶吸水舒展，以便在冲泡时促使茶叶内含物迅速析出。

4．泡茶——高山流水

经过第一泡的润泽后，茶汁已部分浸出，这一道高冲水使茶叶在水的激荡下，充分浸润，以利于色、香、味的充分发挥，但出汤的时间应控制得宜，约10s，以免茶汤滋味苦涩。

5．赏汤——晚霞秀色

请大家观赏公道杯中的茶汤，清澈明亮，颜色红艳可人，杯沿还有一道明显的“金圈”——这是优秀红茶的品质特征。

6．分茶——点水流香

将公道杯中的茶汤均匀分入品茗杯中，使杯中茶的色、香、味一致。斟茶斟到七分满，留下三分是情意。

7．奉茶——敬奉佳茗

坐酌泠泠水，看煎瑟瑟尘。无由持一碗，寄与爱茶人。茶香悠然催人醉，敬奉香茗请各位评委品评。

8．闻香——喜闻幽香

将品茗杯在鼻前轻轻晃动，能闻到遵义红茶汤中散发出来的阵阵甜香，如蜜，似花。

9．品茶——品啜甘霖

闻香后即可啜品，茶汤鲜爽、浓醇，滋味醇厚，回味绵长。让人心旷神怡。

我的茶艺演绎到此结束，感谢各位老师的观赏，愿大家与茶相伴，茶香芬芳，身体健康！

第八章 民俗茶艺

第一节 “姑娘茶”茶艺

在黔南、黔西南布依族苗族自治州地区生活的人们，其习俗里茶无处不在，从出生、婚姻、节庆、丧葬到造房，茶礼茶俗是一根贯穿民俗文化的神秘丝线，在他们的生活中熠熠生辉，其中，最具青春色彩的是“姑娘茶”，布依语称其为“央哨儿”。每当清明节前，姑娘们便上山采摘和她们一样“青翠欲滴”的“雀嘴芽”，用来加工成顶级的茶叶。她们精心地将茶叶一片一片地叠放成圆锥体，再经过整形处理，制成形态优美的“姑娘茶”。她象征着布依姑娘纯洁、珍贵的感情，是赠送给亲朋好友的礼物，也是定亲时赠给恋人的信物。以茶传情、以茶表心，高山美茶因此多了一份青春的向往和爱情的纯真，是布依儿女的“羞答答的玫瑰”。

一、茶具选配

设备及器具清单如表8-1所示。

表8-1 设备及器具清单

项目	名称	材料质地	备注
主泡器	茶壶	陶瓷制品	140~200mL
备水器	随手泡	铜制品	1000~1200mL
辅助器	公道杯	陶瓷制品	20cm×25cm×30cm
	杯托	陶瓷制品	3只（直径10~12cm）
	茶匙	竹木制品	长16.5cm
	茶匙架	竹木制品	长4cm
	茶叶罐	陶瓷制品	直径7.5cm，高11cm
	茶荷	竹制品或金属制品	6.5~12cm
	茶碗	陶瓷制品	50mL
	茶巾	棉麻织品	约30cm×30cm

续表

项目	名称	材料质地	备注
其他	茶艺桌	木制品	120cm×60cm×70cm
	茶艺凳	木制品	40cm×30cm×45cm
	奉茶盘	竹木制品	27cm×13cm×2cm

二、茶艺流程

（一）备器

根据表8-1准备主泡器、备水器、辅助器等器具。

（二）布席

茶荷茶匙放左上方，茶水壶放右上方，水盂放左手边，器具摆放如图8-1所示。

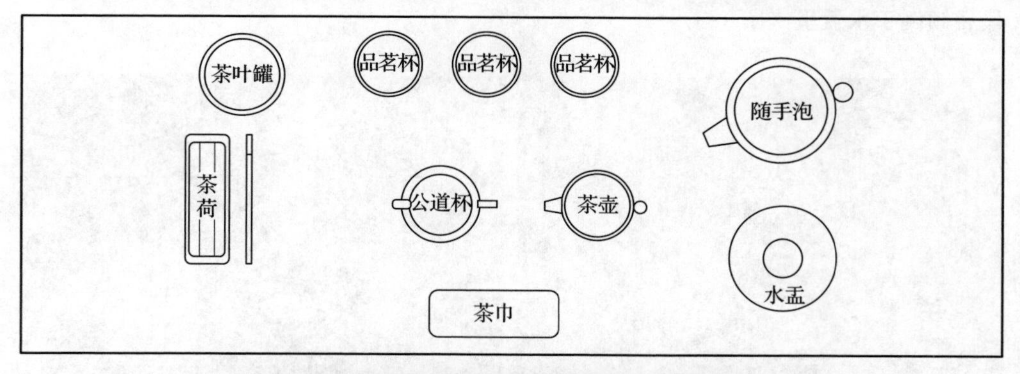

图8-1　布席

（三）行礼

坐式鞠躬，行礼（图8-2）时上半身与地面呈一定角度。

图8-2　行礼

（四）洗杯

将随手泡中烧开的水，冲入壶中旋转洗烫倒入公道杯中，再将水倒入品茗杯中，最后倾倒于水盂里（图8-3）。

图8-3　洗杯

图8-3　洗杯（续）

（五）赏茶

双手捧给来宾欣赏干茶外形、色泽及嗅闻干茶香，赏茶（图8-4）完毕，茶荷放于左下方，以备投茶时用，意喻对客人的尊重。

图8-4　赏茶

（六）置茶

当着客人的面将茶投入茶壶，又名“画眉入山”（图8-5）。

图8-5　置茶

（七）煮茶

三煮三泡，即第一次倒入少量的水，将茶叶浸润展开；第二次倒比第一次较多的水，将茶味浸出来；第三次倒入一定比例的水，将茶香沏出来（图8-6）。

图8-6　煮茶

（八）分茶

分茶即把煮好的茶依次斟入茶杯中（图8-7）。

（九）敬茶

应用右手持杯，左手扶右手肘，将茶杯举过头顶。敬茶（图8-8）时应低头侧脸奉茶，眼睛不可直视对方。

图8-7　分茶

图8-8　敬茶

（十）品茶

品茶时先闻香，次观色，再品味，而后赏形（图8-9）。

图8-9　品茶

（十一）谢礼

品茶结束，将泡茶用具收好，向客人行礼（图8-10）。

图8-10　谢礼

扫码观看步骤详解

（民俗茶艺　“姑娘茶”茶艺）

第二节　罐罐茶茶艺

饮罐罐茶的人们主要分布在贵州省三都、荔波、都匀、独山和广西的南丹、宜州、融水、环江、都安、河池等地。罐罐茶其因用罐罐煮茶而得名。该地区的人们日常喝罐罐茶之后才去干活，他们认为罐罐茶有“提精神、助消化、驱病魔、利长生”的作用。

一、茶具选配

设备及器具清单如表8-2所示。

表8-2　设备及器具清单

项目	名称	材料质地	备注
主泡器	小圆砂罐	陶制品	容量100~150mL
备水器	烧水壶	铜制品	1000~1200mL
辅助器	火炉	铁质品	也可用烤茶专用炉
	奉茶盘	竹木制品	27cm×13cm×2cm
	公道杯	陶瓷制品	20cm×25cm×30cm
	茶匙	竹木制品	长16.5cm
	茶匙架	木制品	长4cm
	茶叶罐	陶瓷制品	直径7.5cm，高11cm
	杯托	竹木制品	3只（直径10~12cm）
	茶荷	竹制品或金属制品	6.5~12cm
	茶碗	陶瓷制品	50mL
其他	茶艺桌	木制品	120cm×60cm×70cm
	茶艺凳	木制品	40cm×30cm×45cm

二、茶艺流程

（一）备具

根据表8-2准备主泡器、备水器、辅助器等器具。

（二）布席

茶荷茶匙放左上方，茶水壶右上方，水盂手右手边。器具摆放如图8-11所示。

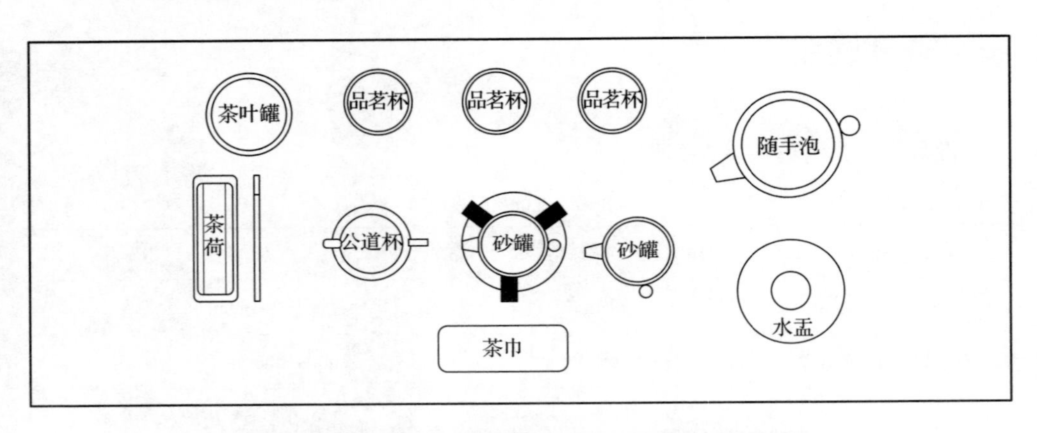

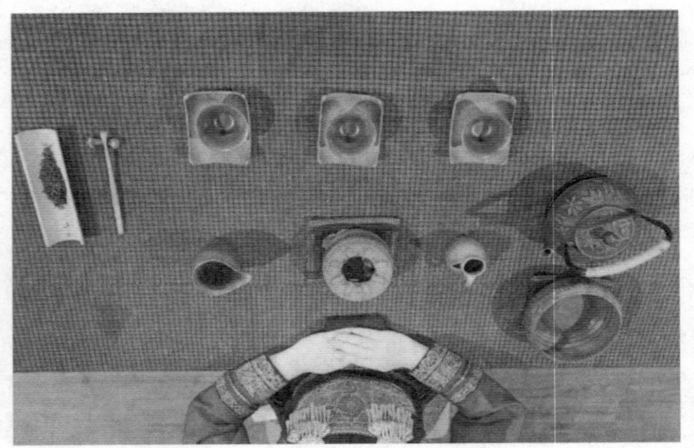

图8-11　布席

（三）行礼

坐式鞠躬，行礼（图 8-12）时上半身与地面呈一定角度。

图8-12　行礼

（四）热罐

热罐指把火生旺后将粗陶罐放在小炉上加热（图 8-13）。

（五）煨水

煨水指在烤热的茶罐里加入少许清水（图 8-14）。

图8-13　热罐

图8-14　煨水

（六）赏茶与投茶

赏茶（图8-15）后投入茶叶（图8-16）。

图8-15　赏茶

图8-16　投茶

（七）加水

将茶罐加满热水（图8-17）。

（八）煎煮

煮水、烹茶、煮茶，并用木茶匙在茶罐里搅拌翻动茶叶，使其不溢出茶罐（图8-18）。

（九）出茶

将茶罐里的一些茶汁倒在自己的茶杯里（图8-19）。

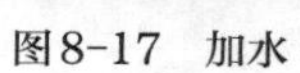
图8-17　加水

图8-18　煎茶

图8-19　出茶

（十）续汤

再加入一些清水，继续煮茶（图8-20）。

图8-20　续汤

（十一）回茶

将第一泡倒出来的茶汁重新倒回罐里熬煮（图8-21）。

图8-21　回茶

（十二）温杯

将随手泡中烧开的水，冲入罐中旋转洗烫倒入公道杯中，再将水倒入品茗杯中，最后倾倒于水盂里（图8-22）。

图8-22　温杯

图8-22 温杯（续）

（十三）奉茶

将公道杯中的茶汤倒入品茗杯中。双手端起奉茶盘，将茶奉给客人（图8-23）。

图8-23 奉茶

（十四）对饮

宾主赏茶（图8-24），举杯对饮煮好的罐罐茶。

图8-24　赏茶

（十五）谢礼

品茶结束，将泡茶用具收好，向客人行礼（图8-25）。

图8-25　谢礼

扫码观看步骤详解

（民俗茶艺　罐罐茶茶艺）

第三节　打油茶茶艺

居住在贵州、湖南、广西毗邻地区的侗族、瑶族和这一地区其他兄弟民族居民世代相处，他们十分好客，虽相互之间习俗有别，但却都喜欢喝油茶。因此，凡在喜庆佳节，或亲朋贵客上门，总喜欢用做法讲究、佐料精选的油茶款待客人。

“打油茶”的用具很简单，有一个炒锅，一把竹篾编制的茶滤，一只汤勺。用料一般有茶油、茶叶、阴米（糯米蒸后散开再晒干）、花生仁、黄豆和葱花，还备有糯米汤圆、白糍粑、虾仁、鱼仔、猪肝、粉肠等。待用料配齐后，就可架锅生火“打”油茶了。

一、茶具选配

设备及器具清单如表8-3所示。

表8-3　设备及器具清单

项目	名称	材料质地	备注
主泡器	茶叶罐	陶瓷制品	直径7.5cm，高11cm
备水器	烧水壶	铜制	1000~1200mL
辅助器	火炉	铁质	也可用烤茶专用炉
	奉茶盘	竹木制品	27cm×13cm×2cm
	公道杯	陶瓷制品	20cm×25cm×30cm
	茶滤	竹制品	不限
	杯托	竹木制品	3只（直径10~12cm）
	茶匙	竹木制品	长16.5cm
	茶匙架	木制	长4cm
	茶荷	竹制品或金属	6.5~12cm
	大茶碗	竹木制品	200mL
其他	茶艺桌	木制	120cm×60cm×70cm
	茶艺凳	木制	40cm×30cm×45cm

二、茶艺流程

（一）备器

根据表8-3准备主泡器、备水器、辅助器等器具。

（二）布席

茶荷茶匙放左上方，茶水壶放右上方，水盂放左手边。器具摆放如图8-26所示。布席中茶具的摆放原则遵循干湿分区，可根据个人习惯或操作方便选择水壶、水盂在左或者在右。

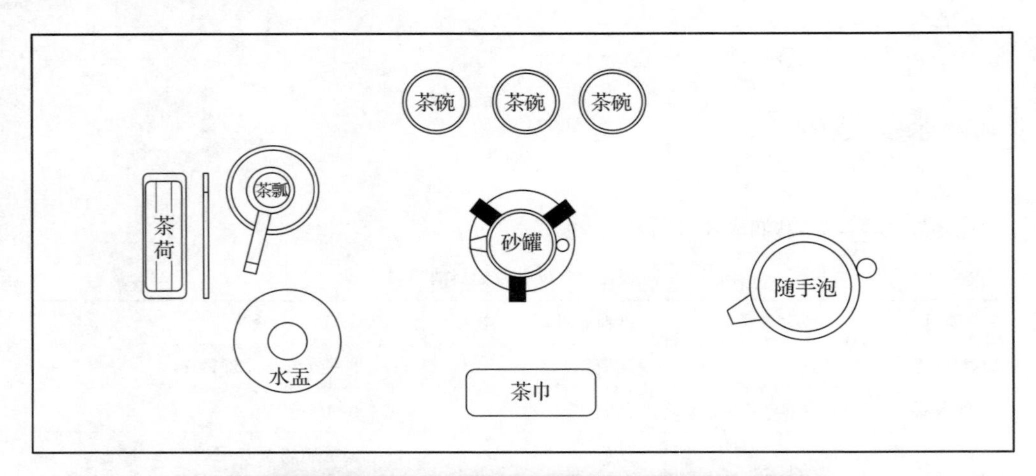

图8-26　布席

（三）行礼

坐式鞠躬，行礼（图8-27）时上半身与地面呈一定角度。

图8-27　行礼

（四）赏茶

打油茶的茶通常有两种茶可供选用，一是经专门烘炒的末茶；二是刚从茶树上采下的幼嫩新梢，这可根据个人口味而定。打油茶用料通常有阴米、花生米、玉米花、黄豆、芝麻糯米粑粑、笋干等，应预先制作好待用。

双手捧给来宾欣赏干茶外形、色泽及嗅闻干茶香，赏茶（图8-28）完毕茶荷放于左下方，以备投茶时用，意喻对客人的尊重。

图8-28　赏茶

（五）投茶

投茶时当着客人的面将干茶投入茶壶（图8-29）。

图8-29　投茶

（六）注水

将水注入壶中，冲泡茶叶（图8-30）。

图8-30　注水

（七）煮茶

先生火，待锅底发热，放适量食油入锅，待油面冒青烟时，立即投适量茶叶入锅翻炒。当茶叶发出清香时，加上少许芝麻、食盐，再炒几下，放水加盖，煮沸3~5min即可（图8-31）。

图8-31　煮茶

（八）温碗

将随手泡中烧开的水，冲入壶中旋转洗烫，再将水倒入公道杯，最后倾倒于水盂里（图8-32）。

图8-32　温碗

（九）分茶

即把煮好的米花、油茶依次斟入茶杯中（图8-33）。

（十）奉茶

双手端起碗，奉茶（图8-34）给客人。

图8-33　分茶

图8-34　奉茶

（十一）品茗

先闻香，次观色，再品味，而后赏形（图8-35）。

图8-35　品茗

（十二）谢礼

品茶结束，将泡茶用具收好，向客人行礼（图8-36）。

图8-36　谢礼

扫码观看步骤详解
（民俗茶艺　打油茶茶艺）

第四节　八宝茶茶艺

八宝油茶是由8种左右的原料配制而成，以茶叶为主，玉米、黄豆、花生、豆腐干、粉条、茶油、花椒、生姜等材料拌在一起，炒熟加水煮泡而成。居住在湖南、湖北和贵州等地的苗家人常用八宝油茶接待贵宾。

一、茶具选配

设备及器具清单如表8-4所示。

表8-4　设备及器具清单

项目	名称	材料质地	备注
主泡器	茶叶罐	陶瓷制	直径7.5cm，高11cm
备水器	烧水壶	铜制	1000~1200mL
辅助器	火炉	铁质	也可用烤茶专用炉
	茶滤	竹制	不限
	杯托	竹木制	3只（直径10~12cm）
	茶匙	竹木制	长16.5cm
	茶匙架	木制	长4cm
	茶荷	竹制或金属制	6.5~12cm
	小茶碗	竹制或陶瓷制	200mL
	茶巾	棉麻织	约30cm×30cm
	大茶碗	竹木制	500mL
其他	茶艺桌	木制	120cm×60cm×70cm
	茶艺凳	木制	40cm×30cm×45cm
	奉茶盘	竹木制	27cm×13cm×2cm

二、茶艺流程

（一）配料

配料包括：阴米，由糯米蒸熟晾干油炸制成；阴玉米，煮熟晾干油炸制成；茶、大豆、花生、豆腐干丁、粉条（油炸）、芝麻；其他配料（姜、盐、大蒜、油）。

（二）备具

根据表8-4准备主泡器、备水器、辅助器等器具。

（三）布席

以苗族蜡染、织锦或刺绣设置为茶席桌布，主要以蓝色为主。以右手操作为例，器具摆放如图8-37所示。

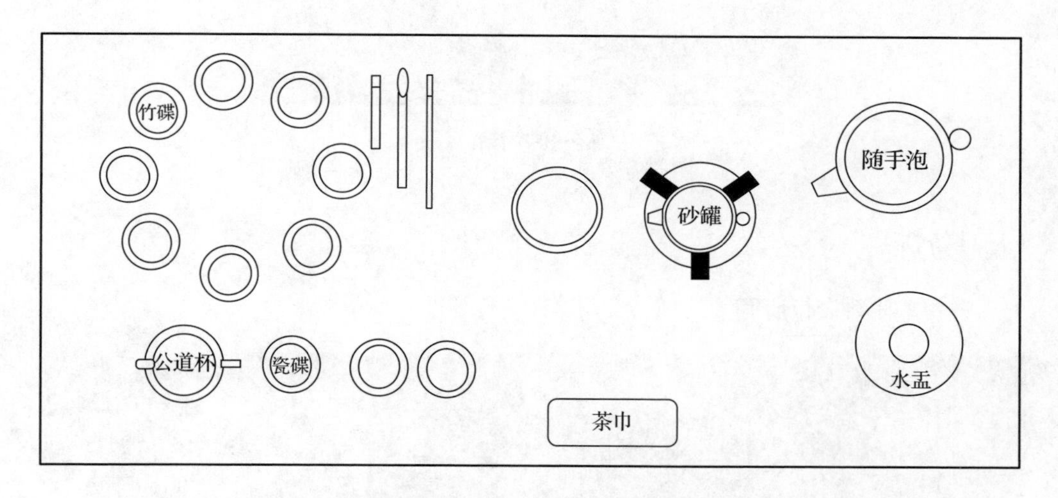

图8-37　布席

（四）行礼

行礼（图8-38）时上半身与地面呈一定角度。

图8-38　行礼

（五）备料

将相关原料进行研磨等处理，备用（图8-39）。

图8-39　备料

图8-39　备料（续）

（六）炒茶

在锅中倒入适量的油，待锅内油冒烟时，放入茶叶、花椒翻炒，待茶叶叶色转黄发出焦香时，即可注水入锅，再放姜丝（图8-40）。

图8-40　炒茶

（七）煮茶

将锅中茶叶煮沸，初沸时加入少许冷水（图8-41）。

（八）加料

茶汤再沸时，加入大蒜少许、食盐适量，用勺搅拌均匀，再依次加入大豆，花生，豆腐干丁、阴米、阴玉米、粉条等（图8-42）。

图8-41　煮茶

图8-42　加料

（九）调和

茶汤再沸时，将加料后的茶汤倒入盛有米花的碗中（图8-43）。

图8-43　调和

（十）分茶

煮好后，用汤勺依次舀入茶碗中，至八分满（图8-44）。

图8-44　分茶

（十一）奉茶

双手端着奉茶盘，彬彬有礼地端到客人面前，敬奉客人八宝茶（图8-45）。

（十二）品茗

端起茶碗，小口啜饮（图8-46）。

图8-45　奉茶

图8-46　品茗

（十三）谢礼

行礼收具（图8-47）。

图8-47 谢礼

扫码观看步骤详解

（民俗茶艺　八宝茶茶艺）

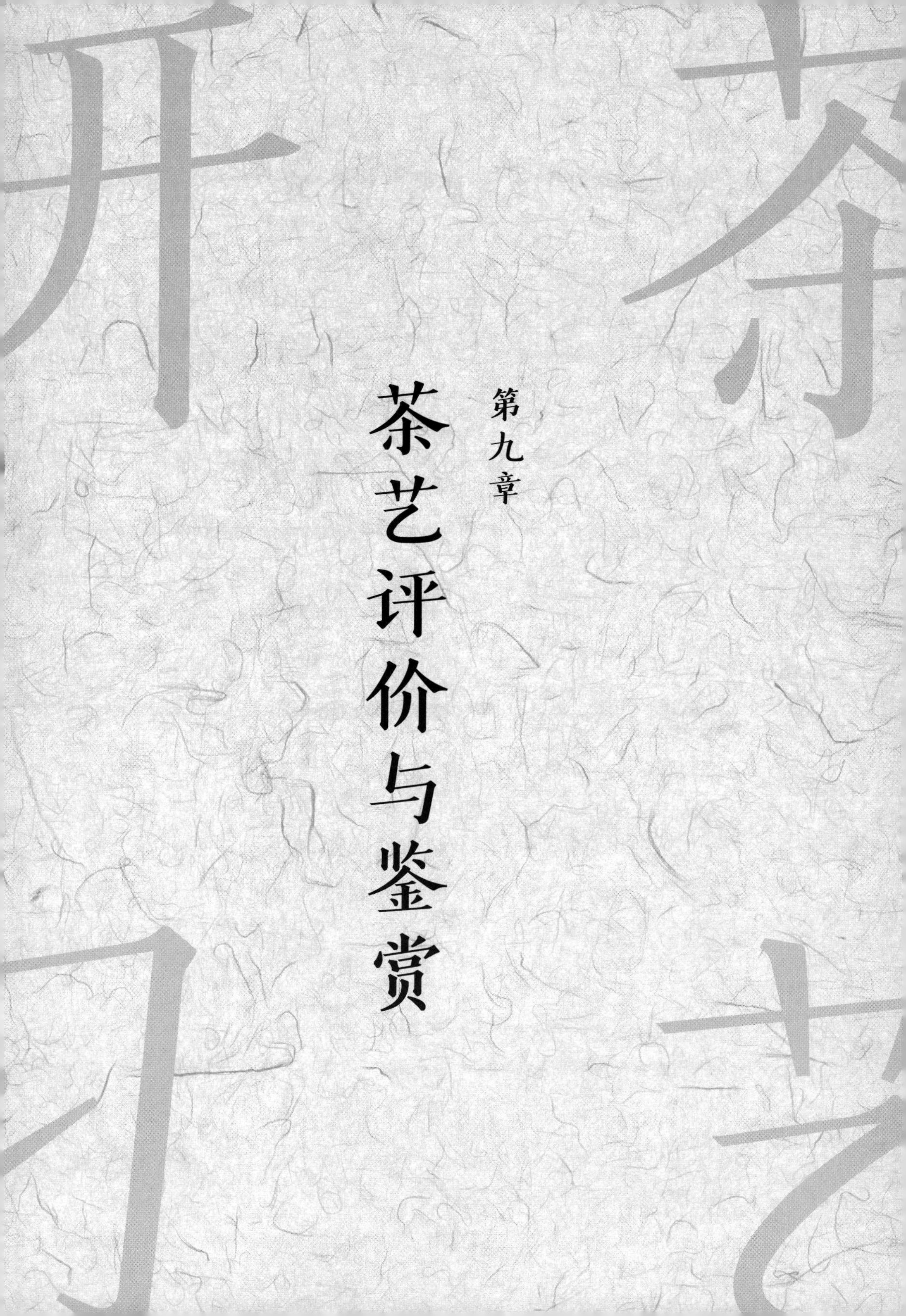

第九章 茶艺评价与鉴赏

第一节 评判准则

一、茶艺类型

按茶事功能划分，茶艺表演可分为生活型、经营型、表演型。

（一）生活型茶艺

常见的生活型茶艺有个人品茗、奉茶待客。品茗随时、随地、随心；形式自然、自在、自如、自由。

（二）经营型茶艺

经营型茶艺，即在茶馆、茶店及其他经营场所，为消费者进行的茶艺表演。

（三）表演型茶艺

表演型茶艺，可分为规范型、技艺型、艺术型。

二、评判准则

根据当前茶艺规范的要求，茶艺的评判准则大致可归纳为以下四个方面。

（一）技艺的科学性

科学性，即茶性特征及其表演技艺符合茶艺主题。

根据主题思想内涵，选择茶叶类型及其表演方式——冲泡技艺；茶性不同，特征各异，呈现出不同思想内涵，茶艺表演形式也不一样。

红茶、黑茶、老白茶、重发酵乌龙茶等发酵茶，其特点是陈醇、厚重，呈现的思想内涵是沉稳、内敛；绿茶以及新白茶、黄茶、轻发酵乌龙茶等不发酵或轻发酵茶，其特点是嫩黄、清新，呈现的思想内涵是淡雅、脱俗。

（二）程序的生活性

生活性，即茶艺程序及其表演技艺符合生活习惯。

茶艺表演旨在呈现主题思想，烘托正确价值观，传播中国茶文化，让欣赏者品一杯好茶、传一世真情；其表演技艺虽来源于生活，但高于生活，且须贴近实用性，要求如下。

1．位置

茶具、泡茶桌、茶盘，以及茶艺师与欣赏者的相对位置等，须符合一定的原则，详见第三章。

2．动作

茶艺表演的动作，须符合表演技艺及其动作设计，详见第四章。

3．顺序

茶艺程序，须符合具体表演技艺及其流程，详见第五章至第八章。

4．姿势

茶艺师的坐、站、行姿势等，须符合仪态规范，详见第二章。

5．移动线路

茶艺师冲泡及奉茶等，须符合基本的动作和礼仪规范。

（三）内涵的文化性

茶文化是茶艺表演的灵魂，主题思想是茶文化的载体，茶艺表演是思想内涵的呈现；在茶艺表演过程中，思想内涵切勿模糊不清、自相矛盾，须具有合理性、简明性、多样性、丰富性，表达生态文化、历史文化、乡土文化、精神文化以及茶文化等理念，传播正能量。

（四）表演的艺术性

艺术性，即融合了茶艺表演中表演技艺的科学性、程序设计的生活性和思想内涵的文化性，集中体现在茶艺表演的布景、道具、音乐、服装、茶具等元素选配、组合和展现，以表达主题内涵，体现茶人的修养和艺术品位。

第二节 评价内容

一、仪容仪态

（一）仪容

自然端庄，面带微笑，发型、服饰与茶艺表演类型相协调。

（二）仪态

自然高雅，表情自然，语言细腻；站、坐、行，端正大方（表9-1）。

表9-1 仪容仪态

评价内容		要求	扣分顶
仪容	面容	清新健康、洁净、平和放松、微笑，不化浓妆	浓妆艳抹，不整洁
	服饰	淡雅、清新、合体，袖口不宜过宽	服装穿着随意，发型、服饰与茶艺表演类型不相协调
	发型	干净、整齐、端庄、简约，头发梳理、盘起	发型散乱，与主题、服饰不协调，欠优雅得体
	手型	柔嫩、纤细、清洁、无味、灵巧，无手饰，不涂指甲	多余动作，涂指甲油

续表

评价内容		要求	扣分顶
仪态	站	“站如松”，端正大方	站姿摇摆
	坐	“坐如钟”，心态平和，精神饱满	坐姿不正，双腿张开
	行	“行如风”，自信，不拖拉	行走拖拉、浮夸，脚步混乱，不行礼
	表情	表情自然，面带微笑，具有亲和力	表情生硬、平淡，视线不集中
	语言	多用敬语、谦让语，杜绝四语，具有亲和力	说话举止略显惊慌；不注重礼貌用语

二、茶席布置

茶具、茶叶和茶桌及其布置，与操作、环境和色彩协调，要求科学、合理、有序、实用、整齐、美观，具体要求如表9-2所示。

表9-2　茶席布置

评价内容	要求	扣分项
茶具	配套齐全，色彩协调、质地、形状、大小一致，摆放整齐	配套不齐全或多余，色彩视觉冲击、不够协调
布置	协调、美观、科学	茶具、茶席不协调，缺乏艺术感
茶叶	与茶艺表演的主题相协调，用茶精良忌粗老	茶叶、茶具不协调
茶桌	质地雅致、造型优美，与表演者的身材比例、茶艺表演的主题相协调	茶桌过高或过低

三、操作程序

（一）程序

契合茶理，投茶量适中，水温、冲水量及时间把握合理，操作动作适度，手法连绵、轻柔、顺畅，过程完整，奉茶姿态自然，言辞恰当。

（二）动作

连续、协调并有创新，编程科学合理，全过程完整、流畅。

（三）时间

过程不能过于冗长，一般不能超过一定的时间。

茶艺操作程序的总体要求如表9-3所示。

表9-3 茶艺操作程序的总体要求

评价内容	要求	扣分项
言行举止	取茶、泡茶等动作要自然、真实、细腻、适度，手法连绵、轻柔、顺畅，过程完整，奉茶姿态、姿势自然；言辞恰当，具有亲和力	中途停顿或出错超过两次，奉茶姿态不端正、脚步混乱，不注重礼貌用语
冲泡	看茶泡茶，适宜的水温、投茶量、配料、冲水量、时间	水温过高或过低，投茶量过多或过少，茶叶、配料不正确，冲水量过多或过少，时间过长或过短
茶具	看茶择器，配套齐全、色彩协调、器具整洁	配套不齐全、色彩不协调、器物不干净
顺序	布具、收具顺序正确、科学	布具、收具次序混乱
茶汤质量	要求茶汤温度适宜，汤色透亮均匀，滋味鲜醇爽口，香高持久，叶底完美，符合所泡茶类要求	与适饮温度相差很大，各杯不匀，过多或过少，未体现出茶叶的色、香、味、形

四、解说词

（一）解说词

解说词应完整，有创意，用语正确、规范，无程序上的错误，引导和启发欣赏者（表9-4）。

表9-4　解说词

评价内容	要求	扣分项
导入茶艺	引导、启发、吸引观众的注意力	导入介绍不清晰，主题立意不清楚
程序解说	语言流畅、富有感情，能够与音乐相互应和、协调一致，正确介绍主要茶具的名称及用途，茶叶的名称、产地及品质特征等	解说与演示过程不协调，欠艺术感染力
结束语	干净利落	结语拖拉

（二）解说要求

解说应婉转、口齿清晰，语言流畅，富有感情，具有较强艺术感染力，与背景音乐协调一致。

五、其他内容

茶艺师还应注意的其他问题如表9-5所示。

表9-5　其他内容

评价内容		要求	扣分项
环境布置	茶室环境	干燥清洁，无异味，噪声小	不整洁，有异味，噪声大
	背景音乐	柔和忌无声，具艺术感染力	音乐情绪与主题不协调
	舞台灯光	明亮忌灰暗	光线差，影响判别干茶和茶汤色泽
创意	主题	主题鲜明，立意清晰，有创新性，意境深远	主题模糊，立意欠新颖，无原创性，意境不足

附录

附录一　茶艺表演常用专业术语中英对照

一、茶叶专业术语

（一）茶叶分类

1．按发酵程度分类

不发酵茶 non-fermented tea

后发酵茶 post-fermented tea

半发酵茶 partially fermented tea

全发酵茶 complete fermentation tea

2．绿茶（green tea）

蒸青绿茶 steamed green tea

粉末绿茶 powered green tea

银针绿茶 silver needle green tea

卷曲绿茶 curled green tea

剑型绿茶 sword shaped green tea

条形绿茶 twisted green tea

圆珠绿茶 pearled green tea

3．黑茶（dark tea）

普洱茶 puer tea

陈放普洱 age-puer

渥堆普洱 pile-fermented puer

4．红茶（black tea）

工夫红茶 congou black tea

红碎茶 shredded/broken black tea

5．乌龙（oolong tea）

条形乌龙 twisted oolong

球形乌龙 pelleted oolong

焙火乌龙 roasted oolong

白毫乌龙 white tipped oolong

6．白茶（white tea）

7．黄茶（yellow tea）

8．花茶（scented tea）

熏花绿茶 scented green tea

熏花红茶 scented black tea

茉莉花茶 jasmine scented tea

珠兰花茶 chloranthus scented tea

玫瑰花茶 rose scented tea

玉兰花茶 magnolia scented tea

桂花花茶 sweet osmanthus scented tea

（二）茶叶加工术语

1．茶树 tea bush

2．采青 tea harvesting

3．茶青 tea leaves

4．萎凋（withering）

日光萎凋 sun withering

室内萎凋 indoor withering

静置 setting

摇青 tossing

5．发酵 fermentation

6．杀青（fixation）

蒸青 steaming stir

炒青 fixation

烘青 baking

晒青 sunning

7．揉捻（rolling）

轻揉 light rolling

重揉 heavy rolling

布揉 cloth rolling

8．干燥（drying）

炒干 pan firing

烘干 baking

晒干 sunning

9．渥堆 piling

10．精制（refining）

筛分 screening

剪切 cutting

把梗 de-stemming

整形 shaping

风选 winnowing

拼配 blending

紧压 compressing

复火 re-drying

陈化 aging

11．再加工（added process）

焙火 roasting

窨花 scenting

12．包装（packing）

真空包装 vacuum packaging

充氮包装 nitrogen packs

碎形袋茶 shredded-tea bag

叶茶小袋茶 leave-tea bag

（三）常见茶名

1．西湖龙井 West lake dragon well tea/Xihu longjing tea
2．黄山毛峰 Yellow mountain fuzz tip
3．碧螺春 Biluochun tea
4．蒙顶黄芽 Mengding Huangya
5．庐山云雾 Lushan yunwucha/Lushan cloud tea
6．安吉白茶 Anji white leaf
7．六安瓜片 Lu'an leaf
8．太平猴魁 Taiping Houkui Tea
9．信阳毛尖 Xinyang maojian tea
10．珠茶 gunpower
11．玉露 long brow jade dew
12．君山银针 Jun mountain silver needle
13．银针白毫 White tip silver needle
14．白牡丹 white peony
15．白毫乌龙 white tipped oolong
16．武夷岩茶 Wuyi rock tea
17．凤凰单丛 Fenghuang unique bush
18．大红袍 Dahongpao Tea
19．肉桂 cassia tea
20．水仙 Narcissus
21．佛手 finger citron
22．铁观音 iron mercy goddess
23．桂花乌龙 osmanthus oolong
24．人参乌龙茶 ginseng oolong

25. 茉莉花茶 jasmine tea

26. 台湾阿里山乌龙 Taiwan Alishan Oolong Tea

27. 台湾冻顶乌龙 Taiwan Dongding Oolong Tea

28. 台湾金萱乌龙 Taiwan Jinxuan Oolong Tea

29. 台湾人参乌龙 Taiwan Ginseng Oolong Te

30. 祁门红茶 Keemun Black Tea

31. 大吉岭茶 Darjeeling Tea

32. 伯爵茶 Earl Grey Tea

33. 薄荷锡兰茶 Mint Tea

（四）茶叶功能成分及主要功效

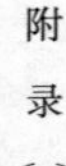

1. 茶多酚 TP（tea polyphenol）

2. 茶氨酸 theanine

3. 咖啡因 caffeine

4. 茶色素 tea pigment

5. 维生素 vitamin

6. 矿物质 mineral composition

7. 茶皂素 tea saponin

8. 抗癌、抗突变作用 Anti-cancer Anti-mutation/anti-mutagenicity

9. 抗高血压和防治动脉粥样硬化作用 Antihyptensive Atherosclerosis

10. 预防衰老和增强机能免疫作用（清除自由基、抗氧化） Retard ageing process and enhance immunologic function

11. 降低血糖和防治糖尿病作用 Hypoglycemic effect Prevent diabetes

12. 抗辐射作用 Antiradiation effect

13. 健齿防龋和消除口臭作用 Anticarious Halitosis

14. 杀菌抗病毒作用 Sterilization Antivirus

15. 防治肝病作用 Prevent liver disease

16. 兴奋和利尿作用 Excite Diuresis

17．助消化和解毒作用Improve digestion Detoxifcation

18．止渴、消暑和明目作用Quench thirst Remove summer-heat Improve eyesight

二、泡茶用具及泡茶程序

（一）泡茶用具

1．茶具tea set

2．茶壶tea pot

3．茶船tea plate

4．茶杯 tea cup

5．杯托cup saucer

6．茶叶罐 tea canister

7．茶荷 tea holder

8．盖碗 covered bowl

9．公道壶fair pot

10．茶巾tea towel

11．茶刷tea brush

12．茶夹Cha jia

13．茶刮Cha gua

14．茶匙tea spoon

15．茶刀tea knife

16．茶虑tea strainer

17．奉茶盘tea serving tray

18．定时器timer

19．煮水器water heater

20．水壶water kettle

21．热水瓶thermos

22．茶桌 tea table

23．侧柜 side table

24．座垫 cushion

25．煮水器底座 heating baseseat

26．个人品茗组（茶具）personal tea set

（二）泡茶程序

1．备具 prepare tea ware

2．从静态到动态 from still to ready position

3．备水 prepare water

4．温壶 warm pot

5．备茶 prepare tea

6．识茶 recognize tea

7．赏茶 appreciate tea

8．温盅 warm pitcher

9．置茶 put in tea

10．闻香 smell fragrance

11．计时 set timer

12．烫杯 warm cups

13．倒茶 pour tea

14．备杯 prepare cups

15．分茶 divide tea

16．端杯奉茶 serve tea by cups

17．持盅奉茶 serve tea by pitcher

18．供应茶点或品泉 supply snacks or water

19．去渣 take out brewed leaves

20．赏叶底 appreciate leaves

21．涮壶 rinse pot

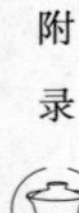

22．归位 return to seat

23．清盅 rinse pitcher

24．收杯 collect cups

25．结束 conclude

（三）茶艺活动中常用短语及短句

1．淡茶 weak tea

2．浓茶 strong tea

3．头春茶 early spring tea/first season tea

4．头道茶 first infusion of tea

5．茶渣 tea residue

6．沏新茶 making fresh tea

7．上茶 offering tea/tea serving

8．泡一杯好茶，要做到茶美、水美、器美、人美、环境美。

To prepare a good cup of tea，you need fine tea，good water，beautiful cups，nice people and proper environment sets.

9．泡茶之水以山水为上。

Natural mountain spring water is best for tea.

10．烧水讲究三沸，一沸为“蟹眼”，二沸为“鱼眼”，三沸为“沸波鼓浪”。

There are three stages when water is boiling. At the first stage，the bubbles look like crab eyes；at the second，the bubbles look like fish eyes；finally，they look like surging waves.

11．好茶需要泡茶技巧。

A cup of good tea requires skills in preparing.

12．根据不同茶类选择泡茶水温。

Choose water temperature according to different kinds of tea.

13．茶用热水冲泡。

Tea is brewed in hot water.

14．现在为大家冲泡乌龙茶。

Now，I am preparing Oolong tea for you.

15．现在为大家展示茶具。

Now I will show you the tea set.

16．中国茶具一般有紫砂茶具、陶瓷茶具、陶土茶具、金属茶具、竹制茶具等。

Chinese tea sets include ceramic tea-pot，pottery tea sets，metal tea sets，bamboo tea sets，and so on.

17．请赏茶。

Please appreciate the tea.

18．请用茶。

Please help yourself to some tea.

19．很多名茶都有一个或者几个有趣的传说。

There are one or more interesting stories of some famous tea.

20．冲泡后汤色碧绿明亮，栗香持久，滋味醇爽回甘，耐冲泡。

It has mellow and brisk savor and sweet after taste. Its chestnut flavor is long-lasting. It is also resistant to brewing.

21．花茶以花香鲜灵持久，茶味醇厚回甘为上品。

Top-grade jasmine tea always has enduring fragrance and unforgettable after taste.

22．一杯茶可以分为几小口慢慢啜饮，您会感到口鼻生香，喉底回甘。

Slowly taste a cup of tea with several sips，then you can sense the fragrance，which lingers over one's throat with sweetness.

23．内质香气浓郁高长，似蜜糖香，又蕴藏兰花香。

The tea tasted pure and mellow，sweet as honey and fragrant as orchid.

24．干茶外形细紧带毫，锋苗秀丽。

The dried tea appears to be slim，tight and brushy with elegant shoot points.

25．碧螺春的干茶细卷呈螺，毫毛满披，俗称"满身毛、铜丝条、蜜蜂腿"，色泽银绿隐翠。

The dried tea leaves of Biluochun tea are dry and slim with shape of snail，so brushy that it's got folk names “brushy all over，brass wires，bee legs”.

26．开汤后看冲泡后的叶底（茶渣），主要看柔软度、色泽、匀度。

Watch the Leaves in hot water，mainly the softness，color and evenness.

27．喝茶有益人体健康。

Drinking tea is good for your health.

28．中国茶叶分为绿茶、白茶、黄茶、乌龙茶、红茶和黑茶。

Chinese tea can be classified as green tea，white tea，yellow tea，oolong tea，black tea and dark tea.

29．茶在中国已经有5000年的历史。在漫长的历史中，围绕茶的栽培、养护、采摘、加工和品饮形成了一整套独具特色的茶文化及相关艺术。

Chinese tea has a history of over 5,000 years，during which a series of unique tea culture have come into being，covering from tea plant cultivation and conservation，tea-leaf picking to processing and sampling tea.

附录二　茶艺师国家职业技能标准

1. 职业概况

1.1　职业名称

茶艺师

1.2　职业编码

4-03-02-07

1.3　职业定义

在茶室、茶楼等场所[①]，展示茶水冲泡流程和技巧，以及传播品茶知识的人员。

1.4　职业技能等级

本职业共设五个等级，分别为：五级/初级工、四级/中级工、三级/高级工、二级/技师、一级/高级技师。

1.5　职业环境条件

室内，常温，无异味。

1.6　职业能力特征

具有良好的语言表达能力，一定的人际交往能力，较好的形体知觉能力与动作协调能力，较敏锐的色觉、嗅觉和味觉。

---

①　茶室、茶楼等场所包括：茶馆、茶艺馆，及称为茶坊、茶社、茶座的品茶、休闲场所；茶庄、宾馆、酒店等区域内设置的用于品茶、休闲的场所；茶空间、茶书房、茶体验馆等适用于品茶、休闲的场所。

1.7 普通受教育程度

初中毕业（或相当文化程度）。

1.8 职业技能鉴定要求

1.8.1 申报条件

具备以下条件之一者，可申报五级/初级工：

（1）累计从事本职业或相关职业[①]工作1年（含）以上。

（2）本职业或相关职业学徒期满。

具备以下条件之一者，可申报四级/中级工：

（1）取得本职业或相关职业五级/初级工职业资格证书（技能等级证书）后，累计从事本职业工作4年（含）以上。

（2）累计从事本职业或相关职业工作6年（含）以上。

（3）取得技工学校本专业[②]或相关专业[③]毕业证书（含尚未取得毕业证书的在校应届毕业生）；或取得经评估论证、以中级技能为培养目标的中等及以上职业学校本专业或相关专业毕业证书（含尚未取得毕业证书的在校应届毕业生）。

具备以下条件之一者，可申报三级/高级工：

（1）取得本职业或相关职业四级/中级工职业资格证书（技能等级证书）后，累计从事本职业或相关职业工作5年（含）以上。

（2）取得本职业或相关职业四级/中级工职业资格证书（技能等级证书），并具有高级技工学校、技师学院毕业证书（含尚未取得毕业证书的在校应届毕业生）；或取得本职业或相关职业四级/中级工职业资格证书（技能等级证书），并具有经评估论证、以高级技能为培养目标的高等职业学校本专业或相关专业毕业证书（含尚未取得毕业证书的在校应届毕业生）。

---

① 相关职业：在茶室、茶楼和其他品茶、休闲场所的服务工作，以及评茶、种茶、制茶、售茶岗位的工作，下同。

② 本专业：茶艺、茶文化专业，下同。

③ 相关专业：茶学、评茶、茶叶加工、茶叶营销等专业，以及文化、文秘、中文、旅游、商贸、空乘、高铁等开设了茶艺课程的专业，下同。

（3）具有大专及以上本专业或相关专业毕业证书，并取得本职业或相关职业四级/中级工职业资格证书（技能等级证书）后，累计从事本职业或相关职业工作2年（含）以上。

具备以下条件之一者，可申报二级/技师：

（1）取得本职业或相关职业三级/高级工职业资格证书（技能等级证书）后，累计从事本职业或相关职业工作4年（含）以上。

（2）取得本职业或相关职业三级/高级工职业资格证书（技能等级证书）的高级技工学校、技师学院毕业生，累计从事本职业或相关职业工作3年（含）以上；或取得本职业预备技师证书的技师学院毕业生，累计从事本职业或相关职业工作2年（含）以上。

具备以下条件之一者，可申报一级/高级技师：

取得本职业二级/技师职业资格证书（技能等级证书）后，累计从事本职业或相关职业工作4年（含）以上。

1.8.2　鉴定方式

分为理论知识考试、技能考核以及综合评审。理论知识考试以笔试、机考等方式为主，主要考核从业人员从事本职业应掌握的基本要求和相关知识要求；技能考核主要采用现场操作、模拟操作等方式进行，主要考核从业人员从事本职业应具备的技能水平；综合评审主要针对技师和高级技师，通常采取审阅申报材料、答辩等方式进行全面评议和审查。

理论知识考试、技能考核和综合评审均实行百分制，成绩皆达60分（含）以上者为合格。

1.8.3　监考人员、考评人员与考生配比

理论知识中的考试监考人员与考生配比不低于1∶15，且每个考场不少于2名监考人员；技能考核中的考评人员与考生配比为1∶3，且考评人员为3人以上单数；综合评审委员为3人以上单数。

1.8.4　鉴定时间

理论知识考试时间为90min；技能考核时间：五级/初级工、四级/中级工、三级/高级工不少于20min，二级/技师、一级/高级技师不少于30min；综合评审时间不少于20min。

1.8.5 鉴定场所设备

理论知识考试在标准教室内进行；技能考核在具备品茗台且采光及通风条件良好的品茗室或教室、会议室进行，室内应有泡茶（饮茶）主要用具、茶叶、音响、投影仪等相关辅助用品。

2. 基本要求

2.1 职业道德

2.1.1 职业道德基本知识

2.1.2 职业守则

（1）热爱专业，忠于职守。

（2）遵纪守法，文明经营。

（3）礼貌待客，热情服务。

（4）真诚守信，一丝不苟。

（5）钻研业务，精益求精。

2.2 基础知识

2.2.1 茶文化基本知识

（1）中国茶的源流。

（2）饮茶方法的演变。

（3）中国茶文化精神。

（4）中国饮茶风俗。

（5）茶与非物质文化遗产。

（6）茶的外传及影响。

（7）外国饮茶风俗。

2.2.2 茶叶知识

（1）茶树基本知识。

（2）茶叶种类。

（3）茶叶加工工艺及特点。

（4）中国名茶及其产地。

（5）茶叶品质鉴别知识。

（6）茶叶储存方法。

（7）茶叶产销概况。

2.2.3 茶具知识

（1）茶具的历史演变。

（2）茶具的种类及产地。

（3）瓷器茶具的特色。

（4）陶器茶具的特色。

（5）其他茶具的特色。

2.2.4 品茗用水知识

（1）品茗与用水的关系。

（2）品茗用水的分类。

（3）品茗用水的选择方法。

2.2.5 茶艺基本知识

（1）品饮要义。

（2）冲泡技巧。

（3）茶点选配。

2.2.6 茶与健康及科学饮茶

（1）茶叶主要成分。

（2）茶与健康的关系。

（3）科学饮茶常识。

2.2.7 食品与茶叶营养卫生

（1）食品与茶叶卫生基础知识。

（2）饮食业食品卫生制度。

2.2.8　劳动安全基本知识

（1）安全生产知识。

（2）安全防护知识。

（3）安全事故申报知识。

2.2.9　相关法律、法规知识

（1）《中华人民共和国劳动法》的相关知识。

（2）《中华人民共和国劳动合同法》的相关知识。

（3）《中华人民共和国食品卫生法》的相关知识。

（4）《中华人民共和国消费者权益保障法》的相关知识。

（5）《公共场所卫生管理条例》的相关知识。

3．工作要求

本标准对五级/初级工、四级/中级工、三级/高级工、二级/技师、一级/高级技师的技能要求和相关知识要求依次递进，高级别涵盖低级别。

3.1　五级/初级工

职业功能	工作内容	技能要求	相关知识要求
接待准备	1.1　仪表准备	1.1.1　能按照茶事服务礼仪要求进行着装、佩戴饰物 1.1.2　能按照茶事服务礼仪要求修饰面部、手部 1.1.3　能按照茶事服务礼仪要求修整发型、选择头饰 1.1.4　能按照茶事服务礼仪规范的要求进行站姿、坐姿、走姿、蹲姿 1.1.5　能使用普通话与敬语迎宾	1.1.1　茶艺人员服饰、佩饰基础知识 1.1.2　茶艺人员容貌修饰、手部护理常识 1.1.3　茶艺人员发型、头饰常识 1.1.4　茶事服务形体礼仪基本知识 1.1.5　普通话、迎宾敬语基本知识

续表

职业功能	工作内容	技能要求	相关知识要求
接待准备	1.2 茶室准备	1.2.1 能清洁茶室环境卫生 1.2.2 能清洗消毒茶具 1.2.3 能配合调控茶室内的灯光、音响等设备 1.2.4 能操作消防灭火器进行火灾扑救 1.2.5 能佩戴防毒面具并指导宾客使用	1.2.1 茶室工作人员岗位职责和服务流程 1.2.2 茶室环境卫生要求知识 1.2.3 茶具用品消毒洗涤方法 1.2.4 灯光、音响设备使用方法 1.2.5 消防灭火器的操作方法 1.2.6 防毒面具使用方法
茶艺服务	2.1 冲泡备器	2.1.1 能根据茶叶基本特征区分六大茶类 2.1.2 能根据茶单选取茶叶 2.1.3 能根据茶叶选用冲泡器具 2.1.4 能选择和使用备水、烧水器具	2.1.1 茶叶分类、品种、名称、基本特征基础知识 2.1.2 茶单基本知识 2.1.3 泡茶器具的种类和使用方法 2.1.4 安全用电常识和备水、烧水器具的使用规程
	2.2 冲泡演示	2.2.1 能根据不同茶类确定投茶量和水量比例 2.2.2 能根据茶叶类型选择适宜的水温泡茶，并确定浸泡时间 2.2.3 能使用玻璃杯、盖碗、紫砂壶冲泡茶叶 2.2.4 能介绍所泡茶叶的品饮方法	2.2.1 不同茶类投茶量和水量要求及注意事项 2.2.2 不同茶类冲泡水温、浸泡时间要求及注意事项 2.2.3 玻璃杯、盖碗、紫砂壶使用要求与技巧 2.2.4 茶叶品饮基本知识
茶间服务	3.1 茶饮推介	3.1.1 能运用交谈礼仪与宾客沟通，有效了解宾客需求 3.1.2 能根据茶叶特性推荐茶饮 3.1.3 能根据不同季节特点推荐茶饮	3.1.1 交谈礼仪规范及沟通艺术，了解宾客消费习惯 3.1.2 茶叶成分与特性基本知识 3.1.3 不同季节饮茶特点
	3.2 商品销售	3.2.1 能办理宾客消费的结账、记账 3.2.2 能向宾客销售茶叶 3.2.3 能向宾客销售普通茶具 3.2.4 能完成茶叶、茶具的包装 3.2.5 能承担售后服务	3.2.1 结账、记账基本程序和知识 3.2.2 茶叶销售基本知识 3.2.3 茶具销售基本知识 3.2.4 茶叶、茶具包装知识 3.2.5 售后服务知识

3.2 四级/中级工

职业功能	工作内容	技能要求	相关知识要求
接待准备	1.1 礼仪接待	1.1.1 能按照茶事服务要求导位、迎宾 1.1.2 能根据不同地区的宾客特点进行礼仪接待 1.1.3 能根据不同民族的风俗进行礼仪接待 1.1.4 能根据不同宗教信仰进行礼仪接待 1.1.5 能根据宾客的性别、年龄特点进行针对性的接待服务	1.1.1 接待礼仪与技巧基本知识 1.1.2 不同地区宾客服务的基本知识 1.1.3 不同民族宾客服务的基本知识 1.1.4 不同宗教信仰宾客服务的基本知识 1.1.5 不同性别、年龄特点宾客服务的基本知识
	1.2 茶室布置	1.2.1 能根据茶室特点，合理摆放器物 1.2.2 能合理摆放茶室装饰物品 1.2.3 能合理陈列茶室商品 1.2.4 能根据宾客要求，针对性地调配茶叶、器物	1.2.1 茶空间布置基本知识 1.2.2 器物配放基本知识 1.2.3 茶具与茶叶的搭配知识 1.2.4 商品陈列原则与方法
茶艺服务	2.1 茶艺配置	2.1.1 能识别六大茶类中的中国主要名茶 2.1.2 能识别新茶、陈茶 2.1.3 能根据茶样初步区分茶叶品质和等级高低 2.1.4 能鉴别常用陶瓷、紫砂、玻璃茶具的品质 2.1.5 能根据茶艺馆需要布置茶艺工作台	2.1.1 中国主要名茶知识 2.1.2 新茶、陈茶的特点与识别方法 2.1.3 茶叶品质和等级的判定方法 2.1.4 常用茶具质量的识别方法 2.1.5 茶艺冲泡台的布置方法
	2.2 茶艺演示	2.2.1 能根据茶艺要素的要求冲泡六大茶类 2.2.2 能根据不同茶叶选择泡茶用水 2.2.3 能制作调饮红茶 2.2.4 能展示生活茶艺	2.2.1 茶艺冲泡的要素 2.2.2 泡茶用水水质要求 2.2.3 调饮红茶的制作方法 2.2.4 不同类型的生活茶艺知识

续表

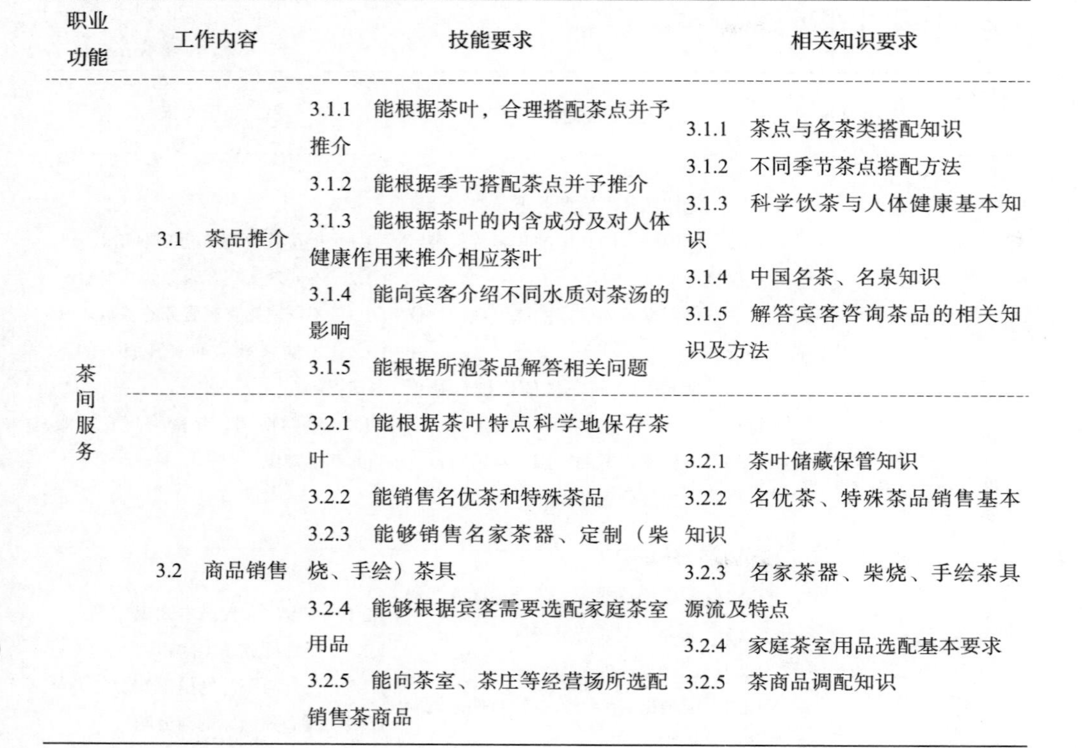

职业功能	工作内容	技能要求	相关知识要求
茶间服务	3.1 茶品推介	3.1.1 能根据茶叶，合理搭配茶点并予推介 3.1.2 能根据季节搭配茶点并予推介 3.1.3 能根据茶叶的内含成分及对人体健康作用来推介相应茶叶 3.1.4 能向宾客介绍不同水质对茶汤的影响 3.1.5 能根据所泡茶品解答相关问题	3.1.1 茶点与各茶类搭配知识 3.1.2 不同季节茶点搭配方法 3.1.3 科学饮茶与人体健康基本知识 3.1.4 中国名茶、名泉知识 3.1.5 解答宾客咨询茶品的相关知识及方法
	3.2 商品销售	3.2.1 能根据茶叶特点科学地保存茶叶 3.2.2 能销售名优茶和特殊茶品 3.2.3 能够销售名家茶器、定制（柴烧、手绘）茶具 3.2.4 能够根据宾客需要选配家庭茶室用品 3.2.5 能向茶室、茶庄等经营场所选配销售茶商品	3.2.1 茶叶储藏保管知识 3.2.2 名优茶、特殊茶品销售基本知识 3.2.3 名家茶器、柴烧、手绘茶具源流及特点 3.2.4 家庭茶室用品选配基本要求 3.2.5 茶商品调配知识

3.3 三级/高级工

职业功能	工作内容	技能要求	相关知识要求
接待准备	1.1 礼仪接待	1.1.1 能根据不同国家的礼仪接待外宾 1.1.2 能使用英语与外宾进行简单问候与沟通 1.1.3 能按照服务接待要求接待特殊宾客	1.1.1 涉外礼仪的基本要求及各国礼仪与禁忌 1.1.2 礼仪接待英语基本知识 1.1.3 特殊宾客服务接待知识
	1.2 茶事准备	1.2.1 能鉴别茶叶品质高低 1.2.2 能鉴别高山茶、台地茶 1.2.3 能识别常用瓷器茶具的款式及质量 1.2.4 能识别常用陶器茶具的款式及质量	1.2.1 茶叶品评的方法及质量鉴别 1.2.2 高山茶与台地茶鉴别方法 1.2.3 瓷器茶具的款式及特点 1.2.4 陶器茶具的款式及特点

续表

职业功能	工作内容	技能要求	相关知识要求
茶艺服务	2.1 茶席设计	2.1.1 能根据不同题材，设计不同主题的茶席 2.1.2 能根据不同的茶品、茶具组合、铺垫物品等，进行茶席设计 2.1.3 能根据少数民族的茶俗设计不同的茶席 2.1.4 能根据茶席设计需要进行茶器搭配 2.1.5 能根据茶席设计主题配置相关的其他器物	2.1.1 茶席基本原理知识 2.1.2 茶席设计类型知识 2.1.3 茶席设计技巧知识 2.1.4 少数民族茶俗与茶席设计知识 2.1.5 茶席其他器物选配基本知识
	2.2 茶艺演示	2.2.1 能按照不同茶艺演示要求布置演示台，选择和配置适当的插花、薰香、茶挂 2.2.2 能根据茶艺演示的主题选择相应的服饰 2.2.3 能根据茶艺演示的主题选择合适的音乐 2.2.4 能根据茶席设计的主题确定茶艺演示内容 2.2.5 能演示3种以上各地风味茶艺或少数民族茶艺 2.2.6 能组织、演示茶艺并介绍其文化内涵	2.2.1 茶艺演示台布置及茶艺插花、薰香、茶挂基本知识 2.2.2 茶艺演示与服饰相关知识 2.2.3 茶艺演示与音乐相关知识 2.2.4 茶席设计主题与茶艺演示运用知识 2.2.5 各地风味茶饮和少数民族茶饮基本知识 2.2.6 茶艺演示组织与文化内涵阐述相关知识
茶间服务	3.1 茶事推介	3.1.1 能够根据宾客需求介绍有关茶叶的传说、典故 3.1.2 能使用评茶的专业术语，向宾客通俗介绍茶叶的色、香、味、形 3.1.3 能向宾客介绍选购紫砂茶具的技巧 3.1.4 能向宾客介绍选购瓷器茶具的技巧 3.1.5 能向宾客介绍不同茶具的养护知识	3.1.1 茶叶的传说、典故 3.1.2 茶叶感观审评基本知识及专业术语 3.1.3 紫砂茶具的选购知识 3.1.4 瓷器茶具的选购知识 3.1.5 不同茶具的特点及养护知识

续表

职业功能	工作内容	技能要求	相关知识要求
茶间服务	3.2 营销服务	3.2.1 能根据市场需求调配茶叶、茶具营销模式 3.2.2 能根据季节变化、节假日特点等制定茶艺馆消费品配备计划 3.2.3 能按照茶艺馆要求，初步设计和具体实施茶事展销活动	3.2.1 茶艺馆营销基本知识 3.2.2 茶艺馆消费品调配相关知识 3.2.3 茶事展示活动常识

3.4 二级/技师

职业功能	工作内容	技能要求	相关知识要求
茶艺馆创意	1.1 茶艺馆规划	1.1.1 能提出茶艺馆选址的建议 1.1.2 能提出不同特色茶艺馆的定位建议 1.1.3 能根据茶艺馆的定位提出整体布局的建议	1.1.1 茶艺馆选址基本知识 1.1.2 茶艺馆定位基本知识 1.1.3 茶艺馆整体布局基本知识
	1.2 茶艺馆布置	1.2.1 能根据茶艺馆的布局，分割与布置不同的区域 1.2.2 能根据茶艺馆的风格，布置陈列柜和服务台 1.2.3 能根据茶艺馆的主题设计，布置不同风格的品茗区	1.2.1 茶艺馆不同区域分割与布置原则 1.2.2 茶艺馆陈列柜和服务台布置常识 1.2.3 品茗区风格营造基本知识
茶事活动	2.1 茶艺演示	2.1.1 能进行仿古（仿唐、仿宋或明清）茶艺演示，并能担任主泡 2.1.2 能进行日本茶道演示 2.1.3 能进行韩国茶礼演示 2.1.4 能进行英式下午茶演示 2.1.5 能用一门外语进行茶艺解说	2.1.1 仿古茶艺展演基本知识 2.1.2 日本茶道基本知识 2.1.3 韩国茶礼基本知识 2.1.4 英式下午茶基本知识 2.1.5 茶艺专用外语知识
	2.2 茶会组织	2.2.1 能策划中、小型茶会 2.2.2 能设计茶会活动的可实施方案 2.2.3 能根据茶会的类型进行茶会组织 2.2.4 能主持各类茶会	2.2.1 茶会类型知识 2.2.2 茶会设计基本知识 2.2.3 茶会组织与流程知识 2.2.4 主持茶会基本技巧

续表

职业功能	工作内容	技能要求	相关知识要求
业务管理（茶事管理）	3.1 服务管理	3.1.1 能制订茶艺流程及服务规范 3.1.2 能指导低级别茶艺服务人员 3.1.3 能对茶艺师的服务工作检查指导 3.1.4 能制订茶艺馆服务管理方案并实施 3.1.5 能提出并策划茶艺演示活动的可实施方案 3.1.6 能对茶艺馆的茶叶、茶具进行质量检查 3.1.7 能对茶艺馆的安全进行检查与改进 3.1.8 能处理宾客诉求	3.1.1 茶艺馆服务流程与管理知识 3.1.2 茶艺人员培训知识 3.1.3 茶艺馆各岗位职责 3.1.4 茶艺馆庆典、促销活动设计知识 3.1.5 茶艺表演活动方案撰写方法 3.1.6 茶叶、茶具质量检查流程与知识 3.1.7 茶艺馆安全检查与改进要求 3.1.8 宾客投诉处理原则及技巧常识
	3.2 茶艺培训	3.2.1 能制订与实施茶艺人员的培训计划 3.2.2 能对茶艺人员进行培训教学组织 3.2.3 能组建茶艺演示队伍 3.2.4 能训练茶艺演示队伍	3.2.1 茶艺培训计划的编制方法 3.2.2 茶艺培训教学组织要求与技巧 3.2.3 茶艺演示队伍组建知识 3.2.4 茶艺演示队伍常规训练安排知识

3.5 一级/高级技师

职业功能	工作内容	技能要求	相关知识要求
茶饮服务	1.1 品评服务	1.1.1 能根据宾客需求提供不同茶饮 1.1.2 能对传统茶饮进行创新和设计 1.1.3 能审评茶叶的质量优次和等级	1.1.1 不同类型茶饮基本知识 1.1.2 茶饮创新基本原理 1.1.3 茶叶审评知识的综合运用
	1.2 茶健康服务	1.2.1 能根据宾客的需求向宾客介绍茶健康知识 1.2.2 能配置适合宾客健康状况的茶饮 1.2.3 能根据宾客健康状况，提出茶预防、养生、调理的建议	1.2.1 茶健康基础知识 1.2.2 保健茶饮配置知识 1.2.3 茶预防、养生、调理基本知识

续表

职业功能	工作内容	技能要求	相关知识要求
茶事创作	2.1 茶艺编创	2.1.1 能根据需要编创不同类型、不同主题的茶艺演示 2.1.2 能根据茶叶营销需要编创茶艺演示 2.1.3 能根据茶艺演示的需要进行舞台美学及服饰搭配 2.1.4 能用文字阐释编创的茶艺的文化内涵，并能进行解说	2.1.1 茶艺演示编创知识 2.1.2 不同类型茶叶营销活动与茶艺结合的原则 2.1.3 茶艺美学知识与实际运用 2.1.4 茶艺编创写作与茶艺解说知识
	2.2 茶会创新	2.2.1 能设计、创作不同类型的茶会 2.2.2 能组织各种大型茶会 2.2.3 能组织各国不同风格的茶会 2.2.4 能根据宾客需要介绍各国茶会的特色与内涵	2.2.1 茶会的不同类型与创意设计知识 2.2.2 大型茶会创意设计基本知识 2.2.3 茶会组织与执行知识 2.2.4 各国不同风格茶会知识
业务管理（茶事管理）	3.1 经营管理	3.1.1 能制订并实施茶艺馆经营管理计划 3.1.2 能制订并落实茶艺馆营销计划 3.1.3 能进行成本核算，对茶饮与商品定价 3.1.4 能拓展茶艺馆茶点、茶宴业务 3.1.5 能创意策划茶艺馆的文创产品 3.1.6 能策划与茶艺馆衔接的其他茶事活动	3.1.1 茶艺馆经营管理知识 3.1.2 茶艺馆营销基本法则 3.1.3 茶艺馆成本核算知识 3.1.4 茶点、茶宴知识 3.1.5 文创产品基本知识 3.1.6 茶文化旅游基本知识
	3.2 人员培训	3.2.1 能完成茶艺培训工作并编写培训讲义 3.2.2 能对技师进行指导 3.2.3 能策划组织茶艺馆全员培训 3.2.4 能撰写茶艺馆培训情况分析与总结报告 3.2.5 能撰写茶业调研报告与专题论文	3.2.1 茶艺培训讲义编写要求知识 3.2.2 技师指导基本知识 3.2.3 茶艺馆全员培训知识 3.2.4 茶艺馆培训情况分析与总结写作知识 3.2.5 茶业调研报告与专题论文写作知识

4. 权重表

4.1 理论知识权重表

项目		技能等级 五级/初级工（%）	四级/中级工（%）	三级/高级工（%）	二级/技师（%）	一级/高级技师（%）
基本要求	职业道德	5	5	5	3	3
	基础知识	45	35	25	22	12
相关知识要求	接待准备	15	15	15	—	—
	茶艺服务	25	30	40	—	—
	茶间服务	10	15	15	—	—
	茶艺馆创意	—	—	—	20	—
	茶饮服务	—	—	—	—	20
	茶事活动	—	—	—	35	—
	茶事创作	—	—	—	—	40
	业务管理（茶事管理）	—	—	—	20	25
合计		100	100	100	100	100

4.2 技能要求权重表

项目		技能等级 五级/初级工（%）	四级/中级工（%）	三级/高级工（%）	二级/技师（%）	一级/高级技师（%）
技能要求	接待准备	15	15	20	—	—
	茶艺服务	70	70	65	—	—
	茶间服务	15	15	15	—	—
	茶艺馆创意	—	—	—	20	—
	茶饮服务	—	—	—	—	20
	茶事活动	—	—	—	50	—
	茶事创作	—	—	—	—	45
	业务管理（茶事管理）	—	—	—	30	35
合计		100	100	100	100	100

附录三　中国茶艺水平评价规程（T/CTSS 6—2020）

1　适用范围

本标准规定了中国茶艺水平评价的评价组织、评价条件和评价方式。

本标准适用于十八岁（含）以上中国茶艺的从业者、教学科研者、爱好者等：也适用于相关机构组织。

2　规范性引用文件

下列文件对于本文件的应用是必不可少的。凡是注日期的引用文件。仅所注日期的版本适用于本文件。凡是不注日期的引用文件，其最新版本（包括所有的修改单）适用于本文件。

GB 5749　生活饮用水卫生标准

GB/T 23776　茶叶感官审评方法

T/CTSS 3　茶艺职业技能竞赛技术规程

3　术语和定义

下列术语和定义适用于本标准。

3.1

茶艺 tea ceremony

茶艺的定义参照 T/CTSS 3 的规定。

中国茶艺水平评价 Code of practice for evaluating the level of Chinese Tea Ceremony

以十八岁（含）以上中国茶艺的从业者、教学科研者、爱好者为评价对象，由取得资格的茶艺水平评价机构，通过组织测评茶叶相关理论知识、茶艺操作技能等水平开展的水平评价活动。

4 评价组织

4.1 组织机构

中国茶艺水平评价工作由中国茶叶学会理事会领导管理，由学会秘书处组织实施。

4.2 评价机构

由取得中国茶叶学会认可资格的中国茶艺水平评价机构，具体开展中国茶艺水平评价工作。

5 评价条件

5.1 水平设置

中国茶艺水平共设九个等级，各等级依次递进，具体要求见附录A。

5.2 申请条件

凡十八岁（含）以上，视觉、嗅觉、味觉、触觉等感知功能良好的中国茶艺的从业者、教学科研者、爱好者，均可申请中国茶艺水平等级评价。

5.3 评价要求

5.3.1 根据自身接受专业教育的水平以及从事茶艺行业的资质，申报人可选择五级（含）以下的申报起始级别。起始级别评价通过后，更高水平的评价需要逐级进行；若起始级别评价未通过，则降级申报。

5.3.2 五级以下等级通过后需间隔1年方可申报下一等级；五级、六级通过后需间隔2年方可申报下一等级：七级、八级通过后需间隔4年方可申报下一等级。

6　评价方式

6.1　评价形式及分值

分为理论测评和技能测评两种形式，满分均为100分。

6.2　理论测评

采用线上或线下闭卷考试的方式进行。

6.3　技能操作测评

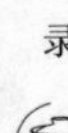

采用现场操作和现场答辩的形式进行。

6.4　成绩判定

理论成绩与技能成绩均≥90分为优秀：理论成绩与技能成绩均≥80分为良好：理论成绩与技能成绩均≥60分为合格：理论成绩与技能成绩任意一项<60分为不合格。

6.5　评价时间

由中国茶叶学会发布当年评价计划。

6.6　水平证书

成绩合格以上，由中国茶叶学会授予相应水平等级的证书。

附录A

（规范性附录）

表A.1　中国茶艺水平各等级要求

等级	人文社会科学知识要求	自然科学知识要求	技能要求
一	1．茶的古今称谓演变基础知识； 2．茶的起源简史；中国茶和饮茶方法的演变基础知识；中国茶的外传及影响基础知识； 3．中国饮茶风俗基础知识； 4．茶器的历史演变基础知识；常用茶器具的种类、产地及特色知识； 5．茶艺基础知识； 6．礼仪基础知识。	1．茶树基础知识； 2．茶叶分类与基本品质特征知识； 3．茶叶的主要成分基础知识； 4．科学饮茶基础知识； 5．泡茶用水分类与选择基础知识； 6．茶叶储藏保管基础知识； 7．茶叶质量安全基础知识。	1．能够掌握茶艺的基本手法； 2．能够掌握玻璃杯、盖碗、紫砂壶使用要求与技巧； 3．能够掌握某一茶类冲泡的适宜水温、茶水比、浸泡时间，饮用水应符合GB 5749的规定； 4．能分辨六大茶类中15款以上主要名茶。
二	1．茶事艺文基础知识；咏茶诗词、名作基础知识； 2．战国、秦汉、魏晋南北朝相关历史及相关茶事知识； 3．中国名茶、名泉基础知识；有关茶叶的传说、典故基础知识； 4．外国饮茶风俗基础知识； 5．个人礼仪基础知识。	1．茶树的适生环境基础知识； 2．茶叶的加工工艺基础知识； 3．中国主要名茶的品质特征基础知识； 4．茶叶感官审评方法基础知识。	1．能够掌握三大茶类的生活型茶艺； 2．能够掌握三大茶类的修习型茶艺； 3．能够简单布置茶艺冲泡台； 4．能够制作调饮红茶； 5．能够掌握茶叶感官审评操作流程，审评方法应符合GB/T 23776的规定； 6．能鉴别20款以上中国主要名茶品质特征。
三	1．涉茶书画和咏茶诗、典籍基础知识； 2．陆羽和《茶经》基础知识；隋、唐、五代相关历史及相关茶事基础知识； 3．中国儒、释、道的主要思想基础知识；儒学文化基础知识； 4．茶席设计基本知识； 5．中国茶俗基础知识； 6．社交礼仪基础知识。	1．茶叶中主要品质成分基础知识； 2．茶叶主要内含成分与品质的关系基础知识； 3．茶叶审评基础知识； 4．茶与健康基础知识。	1．能够根据冲泡要素掌握六大茶类的生活型茶艺； 2．能够掌握六大茶类的修习型茶艺； 3．能够进行简单的茶席设计； 4．能够进行简单的茶艺演示，并能演示一种以上少数民族茶艺或各地风俗茶艺； 5．能运用茶叶感官审评方法； 6．能鉴别30款以上六大茶类中代表性茶叶品质。

续表

等级	人文社会科学知识要求	自然科学知识要求	技能要求
四	1. 唐宋咏茶诗词；涉茶书画；插花、熏香、音乐等相关知识； 2. 宋代相关历史及相关茶事知识； 3. 中国茶道精神基础知识；佛学文化基础知识； 4. 茶席设计原理知识； 5. 少数民族茶俗及地方茶俗知识； 6. 涉茶非物质文化遗产知识； 7. 礼仪文化基础知识。	1. 茶树品种、栽培技术、生态环境、加工工艺与茶叶品质的关系基础知识； 2. 茶叶品质相关标准知识； 3. 茶叶感官审评术语基础知识。	1. 能够进行茶席设计，独立完成茶席设计作品； 2. 能够进行茶艺演示，能够在演示中选择适当的茶艺插花、熏香、茶挂、服饰、音乐等；能演示三种以上少数民族茶艺或各地风味茶艺，并介绍其文化内涵； 3. 能鉴别一类茶中主要名茶的茶叶品质高低。
五	1. 元代戏曲、明清小说基础知识；涉茶艺文典籍基础知识； 2. 元明清相关历史及相关茶事知识； 3. 中国茶文化精神的主要内涵知识；道家文化基础知识； 4. 茶会策划与组织基础知识； 5. 茶馆历史文化知识； 6. 礼仪文化知识。	1. 茶树品种、栽培技术、生态环境、加工工艺与茶叶品质关系知识； 2. 茶产品的深加工及多元化利用基础知识； 3. 再加工茶的品质特征基础知识； 4. 茶叶品质评定基础知识。	1. 能够进行仿古茶艺演示； 2. 能够进行小型茶会组织； 3. 能够掌握再加工茶的审评； 4. 能够对传统茶饮进行设计创新； 5. 能鉴别二类茶中主要名茶的茶叶品质高低。
六	1. 茶事艺文经典基础知识及茶诗词知识； 2. 近现代相关历史及相关茶事知识；当代茶业发展概况知识； 3. 儒释道经典基础知识（论语、心经、道德经、庄子等）； 4. 国外饮茶习俗、文化、礼仪基础知识（日本、韩国、英国等）； 5. 茶宴知识； 6. 茶艺演示编创原理知识；茶艺编创写作与茶艺解说知识； 7. 茶叶冲泡参数设计原理知识； 8. 少儿茶艺教学基础知识； 9. 茶礼基础知识。	1. 茶叶物质成分浸出及呈味相关知识； 2. 茶树品种和栽培技术与绿茶、红茶特征形成原理相关知识； 3. 生态环境与绿茶、红茶特征形成原理相关知识； 4. 加工工艺与绿茶、红茶特征形成原理相关知识； 5. 绿茶、红茶茶叶审评术语标准知识； 6. 其他产茶国代表性茶产品知识。	1. 能够进行茶艺演示编创，能用文字阐释所编创茶艺的文化内涵并能进行解说； 2. 能根据茶叶感官审评结果设计绿茶、红茶的最佳冲泡参数；能够对绿茶、红茶进行茶汤质量调控； 3. 能够掌握一定的茶艺传播技能； 4. 能够简单掌握少儿对六大茶类的科学冲泡方法及原理； 5. 能够鉴别绿茶、红茶中主要名茶的质量优次和等级。

续表

等级	人文社会科学知识要求	自然科学知识要求	技能要求
七	1．茶事艺文经典知识及茶书画知识； 2．中国茶文化的全球传播知识； 3．唐宋茶器历史文化知识； 4．美学与中国茶艺相关知识； 5．茶艺培训基础知识； 6．茶礼文化基础知识。	1．茶树品种和栽培技术与白茶、黄茶特征形成原理相关知识； 2．生态环境与白茶、黄茶特征形成原理相关知识； 3．加工工艺与白茶、黄茶特征形成原理相关知识； 4．白茶、黄茶茶叶审评术语标准知识； 5．茶叶质量安全控制知识。	1．能够设计、创作不同类型的中型茶会； 2．能根据茶叶感官审评结果设计白茶、黄茶的最佳冲泡参数；能够对白茶、黄茶进行茶汤质量调控； 3．能制定并实施茶艺培训计划，能组织进行茶艺培训教学工作； 4．能够鉴别白茶、黄茶中主要名茶的质量优次和等级。
八	1．茶事艺文经典知识及茶篆刻、书籍知识； 2．中国茶文化生成史知识； 3．中国文化史基础知识； 4．明清茶器历史文化知识； 5．中国古典美学基础知识； 6．茶礼文化知识。	1．茶树品种和栽培技术与黑茶、乌龙茶、再加工茶特征形成原理相关知识； 2．生态环境与黑茶、乌龙茶、再加工茶特征形成原理相关知识； 3．加工工艺与黑茶、乌龙茶、再加工茶特征形成原理相关知识； 4．黑茶、乌龙茶、再加工茶茶叶审评术语标准知识； 5．常见茶叶品质缺陷知识； 6．快饮调味茶的配方设计知识。	1．能够设计、创作不同类型的大型茶会； 2．能根据茶叶感官审评结果设计黑茶、乌龙茶、再加工茶的最佳冲泡参数；能够对黑茶、乌龙茶、再加工茶进行茶汤质量调控； 3．能用茶叶审评专业术语表述常见品质缺陷； 4．能调配三种茶类以上的调饮茶品； 5．能够设计、创造有特色的茶饮空间； 6．能科学设置茶艺培训课程，能编写培训讲义； 7．能够鉴别黑茶、乌龙茶中主要名茶的质量优次和等级。

续表

等级	人文社会科学知识要求	自然科学知识要求	技能要求
九	1．茶艺学相关知识； 2．中国艺术史基础知识； 3．中国哲学史基础知识； 4．茶艺研究相关知识； 5．调研报告与专业论文写作知识； 6．茶艺转化与创新相关知识； 7．茶艺与创意产业相关知识； 8．实用新型发明相关知识。	1．主要名茶标准知识； 2．茶叶中的主要功效成分与人体健康相关知识； 3．茶叶感官品质与茶汤呈现综合运用知识。	1．能对自创茶艺作品及茶席进行专业技术点评和指导； 2．能对不同类型的茶会进行专业技术点评和指导； 3．能够调查分析现今茶艺发展概况，能够在茶、水、器、技、艺、境等茶艺领域独立进行理论研究，并有相关著作或论文； 4．能够艺术地呈现茶汤作品； 5．能够鉴别六大茶类中主要名茶的质量优次和等级。

附录四　茶艺职业技能竞赛技术规程
（T/CTSS 3—2019）

1　范围

本标准规定了茶艺职业技能竞赛的术语和定义、竞赛形式、命题依据、竞赛项目、技能操作评分规定、名次排定。

本标准适用于以茶艺为考察对象的技能竞赛。

2　规范性引用文件

下列文件对于本文件的应用是必不可少的。凡是注日期的引用文件，仅注日期的版本适用于本文件。凡是不注日期的引用文件，其最新版本（包括所有的修改单）适用于本文件。

GB 5749 生活饮用水卫生标准

GZB 4-03-02-07茶艺师

3　术语和定义

下列术语和定义适用于本文件。

3.1

茶艺 tea ceremony

呈现泡茶、品茶过程美好意境、体现形式和精神相融合的综合技艺和学问。

3.2

茶艺职业技能竞赛 occupational skills competition of tea ceremony

依据国家职业技能标准，以茶艺理论知识和茶艺中的茶席设计、茶艺演示、茶汤呈现等作为比赛项目的竞赛活动。

3.3

茶席 tea mat

以茶、茶器等要素构成，用于泡茶饮茶并表达人的思想与情感，传递茶道之美和茶道精神的一种空间艺术。

3.4

茶艺演示 demonstration of tea ceremony

参赛者在茶席空间内以泡好一杯茶、展示茶道之美和茶道精神为目的，动态的呈现茶艺的过程。

3.5

规定茶艺 required tea ceremony

比赛时，统一茶样、统一器具与茶席的茶艺。

3.6

自创茶艺 self-created tea ceremony

参赛者自定主题、布设茶席，并将解说、彻泡、奉茶等融为一体的茶艺。

3.7

茶汤质量比拼 quality competition of tea infusion

以冲泡一杯高质量的茶汤为目的，考量参赛者冲泡茶汤的水平、对茶叶品质的表达能力以及接待礼仪水平的一种茶艺比赛形式。

4　竞赛形式

4.1　个人赛

分理论和技能操作两部分。

4.2　团体赛

分理论和技能操作两部分。

4.3 茶席设计赛

茶席作为独立的作品参赛。

5　命题依据

应符合《GZB 4-03-02-07茶艺师》国家职业技能标准的规定。

6　竞赛项目

6.1　个人赛

6.1.1　理论考试

理论考试成绩占竞赛总成绩的20%，采取闭卷考形式，一人一桌，考试时间为120分钟，满分为100分，60分为合格。

6.1.2　个人赛技能操作

6.1.2.1　技能类型及成绩占比

技能操作成绩占竞赛总成绩的80%，包括规定茶艺、自创茶艺、茶汤质量比拼三项。其中规定茶艺占操作成绩的30%、自创茶艺占操作成绩的30%、茶汤质量比拼占操作成绩的40%。以展示规范的操作方式、艺术地表现茶的冲泡过程、强调技能的发挥、呈现茶的最佳品质为目的。参赛者若使用背景音乐，统一使用电子媒介播放，现场不设伴奏。要求个人在现场独立地完成包括演示、讲解等操作，不设副泡。

6.1.2.2　规定茶艺

a. 本项目指定绿茶玻璃杯泡法、红茶盖碗泡法、乌龙茶紫砂壶双杯泡法3套基础茶艺，所使用设备及器具清单参见附录A表A—1。

b. 从组委会提供的绿茶、红茶、乌龙茶三种茶样抽取一种进行冲泡，时间为6~10分钟。

c. 绿茶规定茶艺竞技步骤：备具—端盘上场—布具—温杯—置茶—浸润泡—摇香—冲泡—奉茶—收具—端盘退场。

d. 红茶规定茶艺竞技步骤：备具—端盘上场—布具—温盖碗—置茶—冲泡—温盅及品茗杯—分茶—奉茶—收具—端盘退场。

e. 乌龙茶规定茶艺竞技步骤：备具—端盘上场—布具—温壶—置茶—冲泡—温品茗杯及闻香杯—分茶—奉茶—收具—端盘退场。

f. 参赛者抽签确定茶样后，提前15分钟时间熟悉茶样。赛前5分钟自行备具、备水（不计入比赛时间内），演示过程不需要解说。

6.1.2.3　自创茶艺

题材、所用茶叶种类不限，但必须含有茶叶，比赛时间为8~15分钟。

6.1.2.4　茶汤质量比拼

a. 比赛所用的茶样质量等级相当，为绿茶、白茶、乌龙茶、红茶、黄茶、黑茶。比赛时间为10~15分钟，所使用的设备及器具清单参见附录B表B.1。

b. 参赛者抽签确定茶样后，提前15分钟时间熟悉茶样，再从组委会提供的茶具中选择与所泡茶相匹配的茶具，布置茶席后进行冲泡，冲泡三次，服装以简洁为主，不需要设置主题、背景音乐和解说词，但应与裁判有适当的语言交流。

6.2　团体赛

6.2.1　理论考试

同本标准6.1.1，且年龄18岁以下及60岁以上参赛者可以免考理论。

6.2.2　团体赛技能操作

技能操作成绩占竞赛总成绩的80%。团体赛技能操作只设团体自创茶艺项目，即以小组团队（2~6人）展示茶艺，包括设定主题、茶席，并将解说、沏泡、奉茶等融为一体，现场团队合作完成。可以设主泡、副泡、讲解等，若使用背景音乐，用电子媒介播放，也可以现场伴奏。比赛时间为8~15分钟。

6.3 茶席设计赛

强调主题与艺术呈现的原创性、主题的突出与情感的表达、实用性和艺术性的统一，考量茶席的主题和创意、器具配置、色彩搭配、文案表达、背景等。

7 技能操作评分规定

7.1 个人赛技能操作评比项目、分值及要求

7.1.1 规定茶艺

7.1.1.1 成绩占比及考核内容

总分100分，占个人赛操作技能总分的30%，评分符合附录C表C—1的规定。重点考量参赛者的茶艺基本功，包括礼仪、仪表仪容、茶席布置、茶艺演示、茶汤质量等方面。

7.1.1.2 礼仪、仪表仪容（15分）

礼仪规范、仪表自然端庄，发型服饰适当，泡茶与奉茶姿态自然优雅。

7.1.1.3 茶席布置（10分）

选择器具合理，席面空间布置合理、美观，色彩协调，突出实用性，符合人体工学。

7.1.1.4 茶艺演示（35分）

动作大气、自然、稳重，程序设计科学合理，全过程流畅。

7.1.1.5 茶汤质量（35分）

充分表达茶的色、香、味等特性，茶汤适量，温度适宜。

7.1.1.6 时间（5分）

6~10分钟。

7.1.2　自创茶艺

7.1.2.1　成绩占比及考核内容

总分100分，占个人赛操作技能总分的30%，评分符合附录D表D—1的规定。自创茶艺项目从作品的原创性、礼仪、仪表仪容、茶艺演示、茶汤质量、文本及解说等方面，全面考量参赛者的茶艺技能。

7.1.2.2　创意（25分）

立意新颖，要求原创。茶席设计有创意，形式新颖，意境高雅、深远、优美，与主题相符并突出主题。

7.1.2.3　礼仪，仪表仪容（5分）

妆容、服饰与主题契合。站姿、坐姿、行姿端庄大方，礼仪规范。

7.1.2.4　茶艺演示（30分）

编创科学合理，行茶动作自然，具有艺术美感。

7.1.2.5　茶汤质量（30分）

充分表达茶的色、香、味等特性，茶汤适量，温度适宜。

7.1.2.6　文本及解说（5分）

内容阐释突出主题，能引导和启发观众对茶艺的理解，给人以美的享受。文本富有创意，文字优美精炼，讲解清晰。

7.1.2.7　时间（5分）

8~15分钟。

7.1.3　茶汤质量比拼

7.1.3.1　成绩占比及考核内容

总分100分，占个人赛操作技能总分的40%，评分符合附录E表E—1的规定。茶汤质量比拼从茶汤质量、礼仪、仪容、神态、说茶及冲泡过程等方面对参赛者进行考量。

7.1.3.2　茶汤质量（60分）

每个茶泡三道茶汤，要求每一泡茶汤适量，充分表现所泡茶叶的色、香、味等特性。汤色深浅适度；汤香高，滋味浓淡适宜，茶叶品质特色凸显。三泡茶汤均衡度、层次感好，温度适宜。

7.1.3.3　礼仪、仪容、神态（5分）

仪容、神态自然端庄，站姿、坐姿、行姿大方，礼仪规范。

7.1.3.4　说茶（10分）

表达清晰，色、香、味品质特征描述准确，亲和力、感染力强。

7.1.3.5　冲泡过程（20分）

茶具准备有序，茶席布置合理；冲泡程序契合茶理，动作自然，冲泡过程完整、流畅；收具有序、干净。

7.1.3.6　时间（5分）

10~15分钟。

7.2　团体赛技能操作评比项目、分值及要求

7.2.1　成绩占比及考核内容

团体赛技能操作竞赛总分100分，评分符合附录F表F—1的规定。

7.2.2　创意（25分）

立意新颖，要求原创；茶席设计有创意；形式新颖；意境高雅、深远、优美。

7.2.3　礼仪、仪表仪容（5分）

妆容、服饰与茶艺主题契合，站姿、坐姿、行姿端庄大方，礼仪规范。

7.2.4　茶艺演示（30分）

编排科学合理，行茶动作自然、具有艺术美感。团队成员分工合理，协调默契，体现团体律动之美。

7.2.5　茶汤质量（30分）

要求充分表达茶的色、香、味等特性，茶汤适量，温度适宜。

7.2.6　文本及解说（5分）

内容阐释突出主题，文字优美精炼，讲解清晰，能引导和启发观众对茶艺的理解，给人以美的享受。

7.2.7　时间（5分）

8~15分钟。

7.3　茶席设计赛评比项目、分值及要求

7.3.1　成绩占比及考核内容

茶席设计竞赛总分100分，评分符合附录G表G—1的规定。茶席设计强调主题与艺术呈现的原创性、主题的突出与情感的表达、实用性和艺术性的统一；考量者对相关素材的选择和布局技巧、对茶艺的理解及审美水平。

7.3.2　主题和创意（35分）

要求主题明确，构思巧妙，富有内涵，个性鲜明；原创性、艺术性强。原创，指作者首创，内容和形式都具有独特个性的成果。

7.3.3　器具配置（30分）

茶具组合符合茶席主题，质地、样式选择符合茶类要求，器物配合协调、合理、巧妙、实用。

7.3.4　色彩搭配（15分）

配色新颖、美观、协调、合理，有整体感。

7.3.5　背景及其他（10分）

若设背景、插花、挂画和相关工艺品等，应搭配合理，整体感强。

7.3.6　文本表达（10分）

针对主题、选茶、配器等进行准确、简洁的介绍，要求文辞优美，并有深度地揭示主题、设计思路与理念。茶席中可用主题牌，也可用其他文案设计。

8　名次排定

8.1　个人赛名次排定

竞赛总成绩由理论考试、规定茶艺、自创茶艺、茶汤质量比拼4部分的加权成绩组成，合计100分。计算方式：总分＝理论×20%+技能操作（规定茶艺×30%+自创茶艺×30%+茶汤质量比拼×40%）×80%。从高分到低分排名，在总成绩相同的情况下，技能成绩较高者排名在前；在成绩依然相同的情况下，以茶汤质量比拼成绩较高者排

名在前；在成绩依然相同的情况下，以茶汤质量比拼中的茶汤质量单项成绩较高者排名在前。

8.2　团体赛名次排定

总成绩由理论考试、自创茶艺两部分加权成绩组成，合计100分。计算方式：总分＝理论×20%+自创茶艺×80%。从高分到低分排名，在总成绩相同的情况下，以自创茶艺成绩较高者排名在前；在成绩依然相同的情况下，以自创茶艺中的茶汤质量单项成绩较高者排名在前。

8.3　茶席设计赛名次排定

从高分到低分排名，在总成绩相同的情况下，以“主题和创意”单项成绩较高者排名在前。

附　录　A

（资料性附录）

规定茶艺使用设备及器具清单

表A—1　规定茶艺使用设备及器具清单

种类	设备名称	规格型号	每组数量
茶艺桌、凳	茶艺桌	长：1200mm，宽：600mm，高：650mm	1
	茶艺凳	长：400mm，宽：300mm，高：400mm	1
绿茶	盛放茶具：茶盘	长：500mm，宽：300mm	1
	盛水用具：玻璃壶	容量：1200mL	1
	泡茶用具：绿茶玻璃杯	高：85mm，口径：70mm，容量：200mL	3
	泡茶用具：玻璃杯垫	直径：120mm	3
	盛水用具：玻璃水盂	容量：600mL	1
	盛茶用具：竹茶荷	长：145mm，宽：55mm	1
	盛茶用具：茶叶罐	直径：80mm，高：160mm	1
	拨茶用具：茶匙	长：165mm	1
	辅助用具：茶巾	长：300mm，宽：300mm	1
	备选用具：奉茶盘	长：300mm，宽：200mm	1
乌龙茶	盛放茶具：双层茶盘	长：500mm，宽：300mm	1
	盛放茶具：奉茶盘	长：300mm，宽：200mm	1
	泡茶用具：紫砂壶	容量：110mL	1
	品茶用具：紫砂闻香杯	容量：25mL	5
	品茶用具：紫砂品茗杯	容量：25mL	5
	泡茶用具：紫砂杯垫	长：105mm，宽：55mm	5
	煮水用具：随手泡	容量：1000mL	1
	盛茶用具：白瓷茶荷	长：100mm	1
	盛茶用具：茶叶罐	直径：75mm，高：90mm	1
	辅助用具	茶道组	1
	辅助用具：茶巾	长：300mm，宽：300mm	1
红茶	盛放茶具：茶盘	长：500mm，宽：300mm	1
	泡茶用具：白瓷盖碗	容量：150mL	1
	品茶用具：白瓷品茗杯	直径：65mm，高：45mm，容量：70mL	3
	泡茶用具：杯垫	长：75mm，宽：75mm	3
	盛汤用具：白瓷茶海	容量：220mL	1
	盛水用具：瓷壶	容量：600mL	1
	盛茶用具：白瓷茶荷	长：100mm，宽：80mm	1
	盛水用具：瓷水盂	容量：500mL	1
	盛茶用具：茶叶罐	直径：75mm，高：110mm	1
	拨茶用具：茶匙	长：170mm	1
	辅助用具：茶匙架	长：40mm	1
	辅助用具：茶巾	长：300mm，宽：300mm	1
	备选用具：奉茶盘	长：300mm，宽：200mm	1

附　录　B

（资料性附录）

茶汤质量比拼使用设备及器具清单

表B—1　茶汤质量比拼使用设备及器具清单

种类	设备名称	规格型号
茶艺桌、凳	茶艺桌	长：1800mm，宽：900mm，高：650mm
	茶艺凳	长：400mm，宽：300mm，高：400mm
泡茶用具	白瓷壶	容量：140mL、160mL、200mL
	玻璃壶	容量：140mL、160mL、200mL
	紫砂壶	容量：110mL、130mL、160mL
	白瓷盖碗	容量：140mL、160mL、180mL
	玻璃盖碗	容量：140mL、160mL、180mL
盛汤用具	白瓷茶海	容量：200mL、250mL、300mL
	玻璃茶海	容量：200mL、250mL、300mL
	紫砂茶海	容量：200mL、250mL、300mL
品茶用具	白瓷品茗杯	容量：25mL、30mL、50mL、70mL
	玻璃品茗杯	容量：25mL、30mL、50mL、70mL
	紫砂品茗杯	容量：25mL、30mL
	紫砂闻香杯	容量：25mL、30mL
盛茶用具	茶叶罐	直径：75mm，高：110mm
	茶荷	长：100mm，宽：80mm
盛水用具	水盂	容量：500mL
过滤用具	茶滤	直径：65mm
煮水用具	随手泡	容量：1200mL
辅助用具	茶道组	茶匙、茶则、茶针、茶漏、茶夹、茶匙筒
	茶巾（白色、茶色）	长：300mm，宽：300mm
	茶匙架	长：40mm
	盖置	高：40mm
	杯垫	圆形和方形（尺寸不限）
	壶承	圆形和方形（尺寸不限）
	茶篮	长：450mm，宽：310mm，高：200mm
	奉茶盘	长：300mm，宽：200mm
	电子秤	可精确到0.1g
泡茶用水	应符合GB 5749生活饮用水卫生标准	
其他茶具	不限	

附　录　C

（规范性附录）

茶艺职业技能竞赛规定茶艺评分表

表C—1　茶艺职业技能竞赛规定茶艺评分表

参赛者号码：　　　　　　　　　　　　　　　　　　　　　　　　总分：

序号	项目	分值分配	要求和评分标准	扣分标准	扣分	得分
1	礼仪仪表仪容 15分	5	发型、服饰端庄自然	（1）发型、服饰尚端庄自然，扣0.5分 （2）发型、服饰欠端庄自然，扣1分 （3）其他因素扣分		
		5	形象自然、得体，优雅，表情自然，具有亲和力	（1）表情木讷，眼神无恰当交流，扣0.5分 （2）神情恍惚，表情紧张不自如，扣1分 （3）妆容不当，扣1分 （4）其他因素扣分		
		5	动作、手势、站立姿、坐姿、行姿端正得体	（1）坐姿、站姿、行姿尚端正，扣1分 （2）坐姿、站姿、行姿欠端正，扣2分 （3）手势中有明显多余动作，扣1分 （4）其他因素扣分		
2	茶席布置 10分	5	器具选配功能、质地、形状、色彩与茶类协调	（1）茶具色彩欠协调，扣0.5分 （2）茶具配套不齐全，或有多余，扣1分 （3）茶具之间质地、形状不协调，扣1分 （4）其他因素扣分		
		5	器具布置与排列有序、合理	（1）茶具、席面欠协调，扣0.5分 （2）茶具、席面布置不协调，扣1分 （3）其他因素扣分		

序号	项目	分值	要求和评分标准	扣分标准
3	茶艺演示 35分	15	冲泡程序契合茶理，投茶量适宜，水温、冲水量及时间把握合理	（1）冲泡程序不符合茶性，洗茶，扣3分 （2）不能正确选择所需茶叶扣1分 （3）选择水温与茶叶不相适宜，过高或过低，扣1分 （4）水量过多或太少，扣1分 （5）其他因素扣分
		10	操作动作适度，顺畅，优美，过程完整，形神兼备	（1）操作过程完整顺畅，尚显艺术感，扣0.5分 （2）操作过程完整，但动作紧张僵硬，扣1分 （3）操作基本完成，有中断或出错二次以下，扣2分 （4）未能连续完成，有中断或出错三次以上，扣3分 （5）其他因素扣分
		5	泡茶、奉茶姿势优美端庄，言辞恰当	（1）奉茶姿态不端正，扣0.5分 （2）奉茶次序混乱，扣0.5分 （3）不行礼，扣0.5分 （4）其他因素扣分
		5	布具有序合理，收具有序，完美结束	（1）布具、收具欠有序，茶具摆放欠合理，扣0.5分 （2）布具、收具顺序混乱，茶具摆放不合理，扣1分 （3）离开演示台时，走姿不端正，扣0.5分 （4）其他因素扣分
4	茶汤质量 35分	25	茶的色、香、味等特性表达充分	（1）未能表达出茶色、香、味其一者，扣5分 （2）未能表达出茶色、香、味其二者，扣8分 （3）未能表达出茶色、香、味其三者，扣10分 （4）其他因素扣分
		5	所奉茶汤温度适宜	（1）温度略感不适，扣1分 （2）温度过高或过低，扣2分 （3）其他因素扣分
		5	所奉茶汤适量	（1）过多（溢出茶杯杯沿）或偏少（低于茶杯二分之一），扣1分 （2）各杯不均，扣1分 （3）其他扣分因素
5	时间 5分	5	在6～10分钟内完成茶艺演示	（1）误差1～3分钟，扣1分； （2）误差3～5分钟，扣2分； （3）超过规定时间5分钟，扣5分。 （4）其他因素扣分

裁判签名：　　　　　　　　　　　　年　月　日

附　录　D

（规范性附录）

茶艺职业技能竞赛个人自创茶艺评分表

表D—1　茶艺职业技能竞赛个人自创茶艺评分表

参赛者号码：　　　　　　　　　　　　　　　　　　总分：

序号	项目	分值分配	要求和评分标准	扣分标准	扣分	得分
1	创意 25分	15	主题鲜明，立意新颖，有原创性；意境高雅、深远	（1）有立意，意境不足，扣2分 （2）有立意，欠文化内涵，扣4分 （3）无原创性，立意欠新颖，扣6分 （4）其他因素扣分。		
		10	茶席有创意	（1）尚有创意，扣2分 （2）有创意，欠合理，扣3分 （3）布置与主题不相符，扣4分 （4）其他因素扣分		
2	礼仪 仪表 仪容 5分	5	发型、服饰与茶艺演示类型相协调；形象自然、得体，优雅；动作、手势、姿态端正大方	（1）发型、服饰与主题协调，欠优雅得体，扣0.5分 （2）发型、服饰与茶艺主题不协调，扣1分 （3）动作、手势、姿态欠端正，扣0.5分 （4）动作、手势、姿态不端正，扣1分 （5）其他因素扣分		
3	茶艺 演示 30分	5	根据主题配置音乐，具有较强艺术感染力	（1）音乐情绪契合主题，长度欠准确，扣分0.5分 （2）音乐情绪与主题欠协调，扣1分 （3）音乐情绪与主题不协调，扣1.5分 （4）其他因素扣分		
		20	动作自然、手法连贯，冲泡程序合理，过程完整、流畅，形神俱备	（1）能基本顺利完成，表情欠自然，扣1分 （2）未能基本顺利完成，中断或出错二次以下，扣3分 （3）未能连续完成，中断或出错三次以上，扣5分 （4）有明显的多余动作，扣3分 （5）其他因素扣分		

3	茶艺 演示 30分	5	奉茶姿态、姿势自然，言辞得当	（1）姿态欠自然端正，扣0.5分 （2）次序、脚步混乱，扣0.5分 （3）不行礼，扣1分 （4）其他因素扣分
4	茶汤 质量 30分	20	茶汤色、香、味等特性表达充分	（1）未能表达出茶色、香、味其一者，扣2分 （2）未能表达出茶色、香、味其二者，扣3分 （3）未能表达出茶色、香、味其三者，扣5分 （4）其他因素扣分
		5	所奉茶汤温度适宜	（1）与适饮温度相差不大，扣1分 （2）过高或过低，扣2分 （3）其他因素扣分
		5	所奉茶汤适量	（1）过多（溢出茶杯杯沿）或偏少（低于茶杯二分之一），扣1分 （2）各杯不匀，扣1分 （3）其他因素扣分
5	文本及 解说 5分	5	文本阐释有内涵，讲解准确，口齿清晰，能引导和启发观众对茶艺的理解，给人以美的享受	（1）文本阐释无深意、无新意，扣0.5分 （2）无文本，扣1分 （3）讲解与演示过程不协调，扣0.5分 （4）讲解欠艺术感染力，0.5扣分 （5）解说事先录制，扣2分 （6）其他因素扣分
6	时间 5分	5	在8～15分钟内完成茶艺演示	（1）误差1～3分钟，扣1分 （2）误差3～5分钟，扣2分 （3）超过规定时间5分钟，扣5分 （4）其他因素扣分

裁判签名：　　　　　　　　　　　　　　　　　　年　月　日

附 录 E

（规范性附录）

茶艺职业技能竞赛茶汤质量比拼评分表

表E—1 茶艺职业技能竞赛茶汤质量比拼评分表

参赛者号码： 总分：

序号	项目	分值分配	要求和评分标准	扣分标准	扣分	得分
1	茶汤质量60分	10	汤色明亮，深浅适度	（1）过浅或过深，扣1分 （2）欠清澈、混浊或有茶渣，扣1分 （3）欠明亮、暗沉，扣1分 （4）三泡之间汤色差异过大，扣1分 （5）其他因素扣分		
		20	汤香持久，能表现所泡茶叶品质特征	（1）香低不持久，扣1分 （2）茶汤不纯正、有异味，扣1分 （3）茶品本具备的香型特征不显，扣2分 （4）沉闷不爽，扣2分 （5）其他因素扣分		
		20	滋味浓淡适度，能突出所泡茶叶的品质特色	（1）略浓或略淡，扣1分 （2）过浓或过淡，扣2分 （3）茶品本具备的滋味特征表现不够，扣2分 （4）三泡之间滋味差异大、均衡度或层次感差，扣2分 （5）弃汤，扣1分 （6）三泡混合，扣1分 （7）其他因素扣分		
		7	所奉茶汤温度适宜	（1）过高或过低，扣3分 （2）略高或略低，扣2分 （3）其他因素扣分		

1	茶汤质量60分	3	所奉茶汤适量	（1）过多（溢出茶杯杯沿）或偏少（低于茶杯二分之一）扣1分 （2）各杯不匀，扣1分 （3）其他因素扣分
2	礼仪仪容神态5分	5	仪容、神态自然端庄，站姿、坐姿、行姿大方，礼仪规范	（1）发型、服饰欠自然得体，妆容过浓，扣1分 （2）动作、手势、姿态欠端正，扣1分 （3）动作、手势、姿态不端正，扣2分 （4）其他因素扣分
3	说茶	10	表达清晰、色香味描述准确，亲和力、感染力强	（1）茶品辨认错误，未能准确介绍，扣1分 （2）茶品色、香、味描述不准确，扣1分 （3）亲和力或感染力不强，扣1分 （4）其他因素扣分
4	冲泡过程20分	5	茶具准备有序，茶席布具合理	（1）茶具准备不全，扣1分 （2）茶席布具无序、不合理，扣1分 （3）其他因素扣分
		12	冲泡程序契合茶理，动作自然，冲泡过程完整、流畅	（1）冲泡不符合茶性，洗茶，扣2分 （2）未能连续完成，扣1分 （3）冲泡姿势矫揉造作，不自然，扣0.5分 （4）奉茶姿态不端正，扣0.5分 （5）其他因素扣分
		3	收具动作干净、简洁	（1）顺序混乱，茶具摆放不合理，扣0.5分 （2）动作仓促，出现失误，扣0.5分 （3）其他因素扣分
5	时间5分	5	在10~15分钟内完成演示	（1）误差1~3分钟，扣1分 （2）误差3~5分钟，扣2分 （3）超过规定时间5分钟，扣5分 （4）其他因素扣分

裁判签名：　　　　年　月　日

附 录 F

（规范性附录）

茶艺职业技能竞赛团体赛自创茶艺评分表

表F—1 茶艺职业技能竞赛团体赛自创茶艺评分表

参赛者号码： 总分：

序号	项目	分值分配	要求和评分标准	扣分标准	扣分	得分
1	创意25分	15	主题鲜明，立意新颖，有原创性；意境高雅、深远	（1）主题有原创性，意境欠佳，扣1分 （2）主题尚有立意，但欠新意，扣3分 （3）主题立意无原创性，缺乏意境和文化内涵，扣5分 （4）其他因素扣分。		
		10	茶席有创意	（1）布置合理，尚有新意，扣1分 （2）布置欠合理，欠有新意，扣2分 （3）布置与主题不相符，扣3分 （4）其他因素扣分		
2	礼仪仪表仪容5分	5	发型、服饰与茶艺主题相协调；形象自然、得体、优雅；动作、手势、姿态端正大方	（1）发型、服饰欠高雅得体，扣0.5分 （2）发型、服饰与主题不协调，缺整体感，扣1分 （3）动作、手势、姿态尚端正，扣0.5分 （4）动作、手势、姿态欠端正，扣1分 （5）其他因素扣分		
3	茶艺演示30分	5	根据主题配置音乐，具有较强艺术感染力	（1）与主题尚协调，欠艺术感染力，扣1分 （2）与主题不协调，扣2分 （3）其他因素扣分		
		20	动作自然、手法连贯，冲泡程序合理，过程完整、流畅；各成员分工合理，配合默契，技能展示充分	（1）完整协调，技能展示充分流畅，尚具艺术感，扣1分 （2）完整协调，技能展示欠充分流畅，欠艺术感，扣3分 （3）未能基本顺利完成，中断或出错二次以下，扣5分 （4）未能连续完成，中断或出错三次及以上，扣10分 （5）分工不合理，配合不默契，扣3分 （6）其他因素扣分		

3	茶艺演示30分	5	奉茶姿态、姿势自然，言辞得当	（1）姿态欠自然端正，扣0.5分 （2）次序、脚步混乱，扣0.5分 （3）不行礼，扣1分 （4）其他因素扣分
4	茶汤质量30分	20	色、香、味等特性表达充分	（1）未能表达出色、香、味其一者，扣2分 （2）未能表达出色、香、味其二者，扣3分 （3）未能表达出色、香、味其三者，扣5分 （4）其他因素扣分
		5	所奉茶汤温度适宜	（1）与适宜饮用温度略有相差，扣0.5分 （2）过高或过低，扣1分 （3）其他因素扣分
		5	所奉茶汤适量	（1）过多（溢出茶杯杯沿）或偏少（低于茶杯二分之一），扣1分 （2）各杯不匀，扣1分 （3）其他因素扣分
5	文本及解说5分	5	文本阐释有内涵，讲解准确，口齿清晰，能引导和启发观众对茶艺的理解，给人以美的享受	（1）没有文本，扣2分 （2）文本阐释无深意、无新意，扣1分 （3）讲解与演示过程不协调，扣0.5分 （4）口齿不清晰，扣1分 （5）讲解欠艺术感染力，扣0.5分 （6）解说事先录制，扣3分 （7）其他因素扣分。
6	时间5分	5	在8~15分钟内完成茶艺演示	（1）误差1~3分钟，扣1分 （2）误差3~5分钟，扣2分 （3）超过规定时间5分钟，扣5分 （4）其他因素扣分

裁判签名：　　　　　　　　　　　　年　月　日

附 录 G

（规范性附录）

茶艺职业技能竞赛茶席设计赛评分表

表G—1 茶艺职业技能竞赛茶席设计赛评分表

参赛者号码： 总分：

序号	项目	分值	要求和评分标准	扣分标准	扣分	得分
1	主题和创意	35	立意新颖，富有内涵，具有原创性、艺术性	（1）主题明确，有内涵和原创性，尚具艺术性，扣2分 （2）主题较明确，有内涵，原创性或艺术性不明显，扣3分 （3）主题欠明确，尚有内涵，缺乏原创性或艺术性，扣4分 （4）主题平淡，缺乏内涵，无原创性和艺术性，扣8分 （5）无主题，无原创性和艺术美感，扣12分 （6）其他因素扣分		
2	器具配置	30	茶的核心主体地位突出；符合主题；配置正确美观，兼具实用性	（1）符合主题，配置尚巧妙，具实用性。扣2分 （2）较符合主题，配置尚协调，实用性欠缺，扣5分 （3）与主题相左，配置错误，实用性较差，扣10分 （4）其他因素扣分		
3	色彩搭配	15	茶席配色美观、协调，有整体感，并有创意和个性	（1）较美观、协调，有整体感，尚有创意，扣2分； （2）尚美观、基本协调，创意个性不明显，扣3分 （3）不美观、不协调、不合理、无个性，扣6分 （4）其他因素扣分		
4	背景及其他	10	插花挂画等相关艺术元素与主题吻合，搭配合理，整体感强	（1）符合主题，整体感较强，搭配尚完美，扣2分 （2）尚符合主题，整体感欠强，搭配欠完美，扣3分 （3）游离主题，搭配错误，扣6分 （4）其他因素扣分		
5	文本表达	10	设计美观协调；主题阐述简洁、准确、深刻；文辞准确、优美	（1）设计较美观，阐述有一定深度，文辞尚有美感，扣2分 （2）设计一般，文辞表达一般，扣3分 （3）设计欠美观，表达不恰当或错误，扣6分 （4）其他因素扣分		

裁判签名： 年 月 日

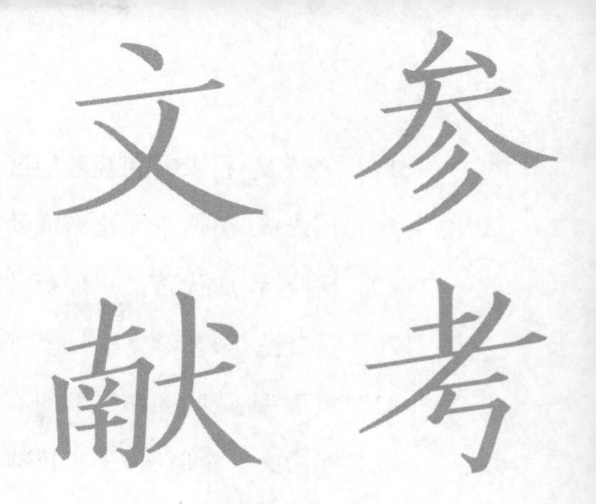

参考文献

［1］蔡定益.明代茶书研究［D］.合肥：安徽大学，2016.

［2］曹壹茗.唐宋时期中原地区茶叶地理［D］.郑州：郑州大学，2019.

［3］陈文华.我国饮茶方法的演变［J］.农业考古，2006（2）：118-124.

［4］陈文华，余悦.国家职业资格培训教程——茶艺师（初级技能·中级技能·高级技能）［M］.北京：中国劳动社会保障出版社，2004.

［5］陈文华，余悦.国家职业资格培训教程——茶艺师（基础知识）［M］.北京：中国劳动社会保障出版社，2004.

［6］陈文华.中国茶文化学［M］.北京：中国农业出版社，2006.

［7］陈文华.中国古代茶具演变简史［J］.农业考古，2006（2）：131-140.

［8］陈文华.中华茶文化基础知识［M］.北京：中国农业出版社，2003.

［9］陈宗懋，杨亚军.中国茶经［M］.上海：上海文化出版社，2011.

［10］丁以寿.茶艺［M］.北京：中国农业出版社，2014.

［11］丁以寿.茶艺与茶道［M］.北京：中国轻工业出版社，2019.

［12］丁以寿.中国茶艺［M］.合肥：安徽教育出版社，2011.

［13］丁以寿.中华茶艺［M］.合肥：安徽教育出版社，2008.

［14］付大霞.唐代咏茶文学研究［D］.南京：南京师范大学，2013.

［15］高希.唐代茶酒文化研究［D］.北京：首都师范大学，2012.

［16］顾湘俊.中国茶礼仪及其文化底蕴［J］.食品工业，2021，42（4）：513.

[17] 关传友.唐宋时期皖西地区的茶业 [J]. 农业考古，2008（2）：274–277.

[18] 何先成.唐代茶文化形成的原因述论 [J]. 农业考古，2015（5）：27–30.

[19] 何晓芳.唐代茶文化探析 [D]. 南京：南京农业大学，2010.

[20] 黄友谊.茶艺学 [M]. 北京：中国轻工业出版社，2021.

[21] 黄玉梅.茶叶制作技术的演变 [J]. 农业考古，2010（5）：322–323.

[22] 江用文，童启庆.茶艺技师培训教材 [M]. 北京：金盾出版社，2008.

[23] 冷雯雯.从《全唐诗》看唐代的茶业发展 [D]. 福州：福建师范大学，2010.

[24] 李尔静.唐代后期税茶与榷茶问题考论 [D]. 武汉：华中师范大学，2017.

[25] 李竹雨.中国古代茶叶储藏方式及器具的演变 [J]. 农业考古，2014（2）：57–64.

[26] 刘民英.商务礼仪 [M]. 上海：复旦大学出版社，2020.

[27] 刘勤晋.茶文化学 [M]. 北京：中国农业出版社，2014.

[28] 芦琳.清代制度环境变迁中的商人组织 [D]. 太原：山西大学，2013.

[29] 吕维新.唐代茶叶生产发展和演变 [J]. 茶叶通讯，1989（4）：53–54.

[30] 罗依斯.基于审美视角下的茶席设计研究 [D]. 长沙：湖南农业大学，2018.

[31] 萝薇.商务礼仪 [M]. 长春：吉林教育出版社，2019.

[32] 骆耀平.茶树栽培学 [M]. 北京：中国农业出版社，2015.

[33] 潘林.浅谈唐代榷茶制的形成 [J]. 农业考古，2004（2）：32–34.

[34] 庞旭.清代茶叶种植地域、品类及产量研究 [D]. 合肥：安徽农业大学，2020.

[35] 钱大宇.文化的积淀，艺术的显示，礼仪的弘扬——从茶馆到茶艺馆 [J]. 农业考古，1994（2）：153-157.

[36] 阮浩耕，童启庆，寿英姿.习茶（修订版）[M]. 杭州：浙江摄影出版社，2006.

[37] 童启庆.习茶 [M]. 杭州：浙江摄影出版社，1996.

［38］屠幼英.茶与健康［M］. 杭州：浙江大学出版社，2021.

［39］王超.宋代茶叶产区、产量及品名研究［D］. 合肥：安徽农业大学，2020.

［40］王广智.唐代贡茶［J］. 农业考古，1995（2）：252–256.

［41］王润贤，刘馨秋，冯卫英，等.中国茶叶种类及加工方法的形成与演变［J］. 农业考古，2011（2）：251–254.

［42］王燕.宋代斗茶的民俗学研究［D］. 武汉：华中师范大学，2013.

［43］王岳飞.茶文化与茶健康［M］. 杭州：浙江大学出版社，2020.

［44］王子龙，郑志强.宋代茶叶专卖管理制度及其演变［J］. 江西财经大学学报，2009（3）：16–21.

［45］魏嘉莹.茶艺师培训的“误区”及改进分析［J］. 福建茶叶，2020，42（6）：256–257.

［46］吴建勤.由茶具的演变谈中国茶文化［J］. 农业考古，2013（5）：72–75.

［47］吴凯歌.明代品茗空间及其意境初探［D］. 合肥：安徽农业大学，2019.

［48］吴启桐.宋代咏茶词研究［D］. 延吉：延边大学，2012.

［49］吴泽.宋代茶诗研究［D］. 锦州：渤海大学，2020.

［50］徐美英，郭亮.唐代西南地区茶业述论［J］. 农业考古，2021（5）：251–257.

［51］薛德炳.剖析茶之为饮闻于鲁周公的论据［J］. 茶业通报，2020，42（1）：36–39.

［52］杨钦.中国古代茶具设计的发展演变研究［D］. 南昌：南昌大学，2013.

［53］杨晓华.唐代茶及茶文化对外传播探析［J］. 安徽农业大学学报（社会科学版），2017，26（2）：119–122.

［54］杨亚军.中国茶树栽培学［M］. 上海：上海科学技术出版社，2005.

［55］姚国坤，姜堉发，陈佩珍.中国茶文化遗迹［M］. 上海：上海文化出版社，2004.

［56］姚国坤，王存礼，程启坤.中国茶文化［M］. 上海：上海文化出版社，1991.

[57] 叶伟颖.宋代茶叶私贩研究［D］. 昆明：云南大学，2017.

[58] 于嘉胜.元明时期中国茶业的发展与管理制度创新［J］. 山东农业大学学报（社会科学版），2012，14（2）：13-17.

[59] 余小荔，薛圣言.饮茶习俗的演变与陶瓷茶具的发展［J］. 农业考古，2005（2）：101—103.

[60] 张丽霞，朱法荣.茶文化学英语［M］. 西安：世界图书西安出版有限公司，2015.

[61] 张凌云.茶艺学［M］. 北京：中国林业出版社，2011.

[62] 张婉婷，詹潇洒.茶席设计的美学［J］. 福建茶叶，2021，43（7）：270-272.

[63] 赵和涛.我国茶类发展与饮茶方式演变［J］. 农业考古，1991（2）：193-195.

[64] 周红杰，李亚莉.民族茶文化［M］. 昆明：云南科技出版社，2016.

[65] 周佳灵.主题茶会中的茶席设计研究［D］. 杭州：浙江农林大学，2016.

[66] 周新华，潘城.茶席设计的主题提炼及茶器择配——以茶艺《竹茶会》中茶席为例［J］. 农业考古，2012（5）：109-112.

[67] 周智修.茶席美学探索［M］. 北京：中国农业出版社，2020.

[68] 周智修，江用文，阮浩耕.茶艺培训教材Ⅰ［M］. 北京：中国农业出版社，2021.

[69] 周智修，江用文，阮浩耕.茶艺培训教材Ⅲ［M］. 北京：中国农业出版社，2022.

[70] 周智修，江用文，阮浩耕.茶艺培训教材Ⅱ［M］. 北京：中国农业出版社，2021.

[71] 周智修.习茶精要详解　上册（彩图版）习茶基础教程［M］. 北京：中国农业出版社，2018.

[72] 周智修.习茶精要详解　下册（彩图版）茶艺修习教程［M］. 北京：中国农业出版社，2018.

［73］周智修，薛晨，阮浩耕.中华茶文化的精神内核探析——以茶礼、茶俗、茶艺、茶事艺文为例［J］. 茶叶科学，2021，41（2）：272-284.

［74］DB 52/T 1495—2020 贵州茶叶冲泡品饮指南［S］.

［75］GZB 4-03-02-07 茶艺师 国家职业技能标准［S］.

［76］SB/T 10733—2012 茶艺师岗位技能要求［S］.

［77］T/CTSS 3—2019 茶艺职业技能竞赛技术规程［S］.

［78］T/CTSS 6—2020 中国茶艺水平评价规程［S］.